U0268833

晋西黄绵土坡面水沙关系试验研究

付兴涛　著

黄河水利出版社
·郑州·

内 容 提 要

本书系统分析了不同雨强、坡长条件下晋西黄绵土坡面侵蚀水沙关系,探讨了降雨入渗、细沟形态演变及水动力学特性对侵蚀产沙的影响,评价 EUROSEM 模型对晋西土壤侵蚀模拟的适用性,揭示出导致室内与野外试验土壤侵蚀差异性的原因并得出换算系数。

本书可供水土保持、泥沙、土壤、农业等领域相关科技人员、高等院校硕士和博士研究生及流域管理者参考阅读。

图书在版编目(CIP)数据

晋西黄绵土坡面水沙关系试验研究/付兴涛著. —郑州:黄河水利出版社,2021.7
ISBN 978-7-5509-3038-4

Ⅰ.①晋⋯ Ⅱ.①付⋯ Ⅲ.①黄绵土-斜坡-地面径流-关系-侵蚀产沙-水工试验-研究-山西 Ⅳ.①TV149

中国版本图书馆 CIP 数据核字(2021)第 137191 号

出 版 社:黄河水利出版社
　　　　地址:河南省郑州市顺河路黄委会综合楼 14 层　　　　邮政编码:450003
发行单位:黄河水利出版社
　　　　发行部电话:0371-66026940、66020550、66028024、66022620(传真)
　　　　E-mail:hhslcbs@ 126. com
承印单位:广东虎彩云印刷有限公司
开本:787 mm×1 092 mm　1/16
印张:8. 5
字数:150 千字
版次:2021 年 7 月第 1 版　　　　　　　　印次:2021 年 7 月第 1 次印刷
定价:49. 00 元

前　言

　　晋西因其广泛分布的丘陵沟壑地貌形态,夏季集中的短历时大强度降雨及稀疏的植被,极易引起严重水土流失并加速侵蚀。王家沟流域典型的离石黄土母质上发育的黄绵土,以粉砂为主,颗粒细小,质地疏松,不具层理,具有直立性,并含有碳酸钙,遇水容易溶解、崩塌,因此研究区土壤、气候在晋西黄土高原有较好的代表性。本研究以晋西黄绵土裸坡面为研究对象,采用室内与野外人工模拟降雨试验法,探讨不同降雨强度、坡长条件下坡面径流侵蚀过程中的水沙关系、侵蚀水动力学特性和细沟形态演变,评价 EUROSEM 模型对晋西黄绵土坡面侵蚀过程模拟的适用性,分析导致室内外土壤侵蚀差异性的原因,并初步进行室内与野外土壤侵蚀模数的换算,研究成果将为晋西黄绵土坡面水土流失预测及治理、室内模型试验结果准确应用于野外实地水土流失预测提供科学依据。

　　本书作者主要从事土壤侵蚀、生态水文方面的研究工作,硕博在读期间研究南方红壤丘陵区坡面土壤侵蚀特征,参加工作后选择典型的晋西黄绵土为研究对象开展黄土坡面侵蚀水沙关系研究,积累了一些研究成果,并在此凝练和总结成稿。全书共包括 8 章,分别为绪论、试验设计、降雨条件下坡面径流侵蚀产沙分析、入渗对坡面径流侵蚀产沙的影响、坡面径流水动力学与输沙特征、坡面细沟形态及其对产流产沙的影响、EUROSEM 模型对坡面侵蚀过程的模拟、室内与野外侵蚀差异性分析与换算。

　　本书是作者与多名硕士研究生多年研究工作的集成,书中数据均通过试验得到,资料翔实可靠,在第 2 章有详细的试验设计思路、方法及试验设备介绍,以供读者参考。本书完成之际,非常感谢硕士研究生姚璟、裴冠博、王奇花,特别感谢山西省水土保持科学研究所王志坚教高、李金峰教高、王小云教高、高玉凤工程师在资料收集和试验过程中提供的帮助。本研究工作得到了国家自然科学基金青年科学基金项目"基于坡长效应的坡面侵蚀及室内外水土流失换算方法研究"(项目编号:51309173)的资助,在此一并表示感谢。在试验数据的采集、著作的撰写过程中,引用了大量的科技成果、论文、专著和相关教材,在此谨向文献的作者们致以深切的谢意。

作者虽竭尽全力,力图完善,但鉴于研究领域涉及的知识繁杂,作者知识水平有限,书中难免有缺点、错误和不足之处,恳请广大读者、专家和同行提出宝贵意见,以求进步和完善。

作 者

2021 年 4 月

目 录

第1章 绪 论

1.1 研究背景及意义

　　山西省地处黄河流域中游,是典型的被黄土广泛覆盖的山地高原,受地理因素和历时短、强度大的降雨影响,全省水土流失面积达 10.80 万 km^2,占土地总面积的 69.00%。作为一种渐进性灾害,水土流失给山西省的生态环境带来诸多不利影响,一方面破坏土地的完整性,造成土壤肥力流失,耕地减少;另一方面,泥沙淤积下游河道,抬高河床,不但影响水利工程效益发挥,还会对两岸人民的生命及财产安全造成严重威胁。根据侵蚀类型及地形地貌的不同,该省水土流失可划分为 6 个类型区[1]:黄土丘陵沟壑区、黄土丘陵缓坡风沙区、黄土丘陵阶地区、黄土残塬沟壑区、土石山区、冲积平原区,其中,分布在吕梁山以西至黄河沿岸的晋西黄土丘陵沟壑区是全省水土流失最严重的区域,年侵蚀模数达 1 万~2 万 t/km^2。该区以梁峁状丘陵为主,沟壑纵横,地形破碎,表面为马兰黄土、离石黄土所覆盖,土质疏松,植被稀少,黄土本身具有多孔隙、显著垂直节理、湿陷性等特点,易被流水浸湿遭受侵蚀,加之该区多为短历时暴雨,且集中在汛期(6~9 月)[2],7 月、8 月的降雨对土壤存在一定的威胁性,致使流域产流产沙受降雨和下垫面因素的影响很大,侵蚀形式以水力侵蚀及重力侵蚀为主[3]。因此,以晋西具有代表性的黄绵土为研究对象,探究坡面径流侵蚀产沙特性,对于该区坡面水土流失预测、水土保持措施布设及农业发展具有重要意义。

　　研究表明,黄土高原坡面侵蚀从动力来源看大致可以分为两大类:第一类是来自坡面外部的水动力,主要是坡面径流冲刷对土壤结构的侵蚀破坏作用;第二类来自土坡土体内部的水动力,其中主要是壤中水的渗流对土壤颗粒的离散和分解作用。降雨及其产生的径流是坡面侵蚀发生的动力,并且径流的冲刷使侵蚀坡面形成细沟,细沟侵蚀产沙过程一般都伴随着坡面明显的形态变化,是坡面侵蚀产沙量的主要来源之一。因此,探讨细沟形态特征变化及细沟演变过程中坡面产流产沙变化规律,对揭示坡面土壤侵蚀机制及规律有重要研究意义。降雨入渗使坡体地下水位变化,从而产生对土体的渗透力,在非饱和区降雨入渗增加了土壤的体积含水量,使其基质吸力减小,对坡面侵蚀同样有着非常重要的影响;坡长由于涉及降雨在坡面的再分配[4],影响坡面径流能量的沿程变化及泥沙的运移[5],因此深入研究径流侵蚀产沙随坡长的变化,既有助于深入理解径流量与产沙量之间的关系,又可为水土保持措施制定提供理论依据;由于天然降雨条件下水土流失观测难度较大,目前多利用室内模型试验所得土壤侵蚀模数乘以面积预测野外实地水土流失,然而,室内模型试验用土很难做到与野外原状土完全一致,因此即使在相似的降雨条件下,室内与野外侵蚀产沙试验结果仍不可避免地存在差异,尤其针对晋西典型的离石黄土母质上发育的黄绵土,缺乏室内外侵蚀产沙差异的系统研究,揭示导致室内外土壤侵蚀差异性的原因及求解出室内外土壤侵蚀模数换算系数,可为该区室内模型试验结果准确应用于野外实地水土流失预测提供科学依据。因此,本研究以晋西王家沟流域有代表性的黄绵土为典型对象,采用室内与野外人工模拟降雨试验方法,主要分析降雨条件下坡面径流侵蚀产沙、输沙特征,研究其水沙关系,探讨入渗、坡面细沟及水动力学特性对侵蚀产沙的影响,在对比分析室内与野外侵蚀产沙差异性的基础上,求解室内与野外土壤侵蚀模数换算系数,并建立经验转换模型。

1.2 国内外研究进展

1.2.1 坡面径流侵蚀研究

水力侵蚀是降雨击溅和径流冲刷引起坡面土壤颗粒分离、搬运和沉积的过程[6],主要受降雨特征、土壤类型及地表条件等因素的影响。坡面径流是指由降雨形成的在重力作用下顺坡面流动的薄层水流。坡面径流侵蚀,一般是指坡面表层水流对土壤的冲刷侵蚀力大于土壤自身抗侵蚀力,土壤颗粒被水流带走的现象。下面主要从径流输沙和径流水动力学两个方面进行综述。

关于径流量对径流输沙能力的影响,目前有诸多研究成果,主要集中于径流量与输沙率的关系,坡长、雨强、坡度等与径流量的关系,进而对输沙能力的影响方面。Grosh 等[7]最早对陡坡面径流与泥沙输运的关系进行了研究,得出陡坡条件下径流输沙量大,后来学者们在此基础上进一步指出径流量与输沙率关系密切。如赵海滨等[8]研究表明,在坡度不变的条件下,坡面径流输沙率随径流量的增加呈现"缓—陡—缓—陡"的阶梯式增长,且径流量对输沙率的影响大于坡度;Govers 等[9]对不平整坡面在漫流条件下径流输沙能力研究表明,径流输沙率与坡度、流量和雨强呈幂函数关系;张光辉等[10]研究得出流量对坡面径流输沙能力的影响显著,坡度的影响不显著,然而,雷廷武等[11]、Alonso 等[12]指出坡度对径流输沙能力的影响比径流量显著。还有些研究者通过方程和计算模型定量分析两者之间的关系,提出用坡度、雨强等表示的输沙能力表达式[13]、地表径流输沙能力与其径流流速的统计模型[14-15],Abrahams 等[16]和 Gary 等[17]研究都表明水流功率更适合描述坡面径流的挟沙能力,Yoon 等[18]首次提出将坡面流视为流量沿程增加的空间变量流,尝试运用变流量的基本微分方程及连续性方程来表述和解决径流水动力学问题,Yen 等[19]进一步考虑了有降雨作用时坡面流的变化,依据动量原理推导出降雨影响下的一维坡面流运动方程。

研究发现黄土坡面径流主要受雨强、坡长和人类活动等因素的影响[20]。关于径流量与坡长的关系,许多研究者进行了大量的试验,但目前尚未形成一致定论。一种观点认为,径流量随坡长的增加呈增大的趋势[5,21-22];国外研究者 Truman 等[23]、Yair 等[24]通过野外试验也表明产流产沙率与坡长成正比。另一种观点认为,长坡的径流系数比短坡的小,即径流量随坡长的增大有减小的趋势[25-28];大多研究表明径流量随坡长的增大出现波动性的变化趋势,方海燕等[29]、吴发启等[30]、廖义善等[31]等通过实测资料分析和野外试验都得出径流随坡长的增大先增大而后又减小。关于径流输沙率与坡长的关系,一种观点认为,径流输沙率随坡长的增加并非一直增大或减小,坡长较短时径流输沙率随着坡长的增加而增大,但随着坡长继续增大,径流能量多用于运移泥沙而导致输沙能力减弱[32-36],另一种观点则表明,随着坡长的延长,坡面侵蚀产沙量增大[37-39]。雨强对坡面产流量和侵蚀产沙的影响比其他因素都显著,坡面径流量和径流输沙量都随雨强的增大而显著增加。一方面,雨强增大时,坡面产流加快,同时雨滴击溅堵塞土壤孔隙,土壤入渗率减小导致径流量和坡面流速增大[40];Meyer 等[41]、郑粉莉[42]得出类似结论,表明侵蚀量随雨滴击溅作用的削弱大幅减小。另一方面[43],雨强大时土壤颗粒分散及搬运能力增强,加上径流冲刷加剧,短时间内极易引发细沟侵蚀[44-45],而细沟侵蚀产沙是径流输沙的主要方式,因此雨强增大会引起侵蚀产沙量增加[46]。另外,许多研究者通过模拟降雨试验研究了不同雨强、质地和土地利用类型下径流产沙的影响,结果同样显示雨强与径流量和输沙量呈显著正相关性[47-50]。

第二,坡面径流的水动力学特性是径流侵蚀发生的根本动力和理论基础,对径流水动力学参数的分析可以很好地描述径流的侵蚀过程。目前的试验研究多以流速、雷诺数、径流深、弗劳德数和径流剪切力 5 个参数来表征径流水动力学特性。流速是用来描述坡面水流快慢的指标,是径流水动力参数计算的基础。通常情况下,坡面流并非一种恒定的均匀流,其沿程流速一直不断变化,要想准确测定流速难度非常大,目前常用的流速测量方法有颜料示踪法、溶液示踪法、电解质脉冲法及自动智能化测量仪器,由于后两种方法费用昂贵,试验中最常采用颜料示踪法。一种观点认为,汇水坡长增加时径流流速增大[51-52],另一种观点则认为,坡面流速会随坡长和时间的延长而下降[53]。关于细沟对坡面流速的影响,一些研究认为,细沟内的径流流速要大于坡面流速[54-55],Govers[56]、Nearing 等[57]则表明坡面流速不受细沟侵蚀的影响,江忠善等[58]、张光辉等[10,59]、姚文艺[60]通过各自试验方法对参数进行标定得出了相应的流速计算经验公式。因坡面薄层径流水深较浅,且受坡面状况和降雨的影响较大,一般不采用接触式测量方法,目前的研究者多利用达西定律,用单宽流量和平均流速的比来计算得出径流深。

雷诺数和弗劳德数作为表征水流流态的两种主要指标,反映了坡面径流的紊动形态,与径流输沙有着直接的关系,关于坡面薄层径流流态,目前尚无统一定论。大部分学者认为,坡面流不同于普通的层流、紊流和过渡流,处于一种混合状态[61],即降雨条件下的坡面流为紊流和过渡流的混合体[62],或基本处于过渡流和紊流的范畴[59],且在时空分布上是非均匀和非稳定的[63]。敬向峰等[64]提出用绕流雷诺数的概念来判断流态,下临界雷诺数为0.35,上临界雷诺数为900,得出目前的水流流态大部分属于过渡流,但由于其试验数据和条件有限(没有层流区点据),所以在流态判断中,绕流雷诺数不能被广泛应用,多用二维明渠流态判断标准。也有学者提出坡面流是介于层流与紊流之间的一种特殊水流[65],或由层流过渡到紊流[66-67],或坡面上部为层流,坡面下部为紊流[68],初始地表糙度越大的坡面,径流越容易稳定在层流状态;反之,径流越倾向于紊流[69]。第三种观点认为,坡面径流的弗劳德数和雷诺数均属层流的缓流范畴[70]或者层流的急流范畴[71]。此外,研究显示,雷诺数和弗劳德数随坡面糙度的增加呈减小的趋势[72],雷诺数随冲刷历时的增大而增大[73-74]。综上可知,目前关于坡面流流态由于研究条件不同而无统一的判定标准和结论,其判别主要依据明渠流的理论,而明渠流与坡面流差别较大,因此对坡面薄层流流态的研究有待继续深入。

径流剪切力是作用在土壤表面单位过水面积上的力,是水流沿径流梯度方向上的分力,在径流沿坡面流动过程中,径流剪切力要克服其与坡面间的摩擦阻力和土壤颗粒间的黏结力,从而分离、剥离和输运坡面土壤颗粒,是坡面径流侵蚀、土壤颗粒搬运的主要动力。研究表明,径流剪切力随坡长的增加呈递减的趋势[75],且剪切力随覆盖度的增加而减小[76],当径流剪切力大于土壤颗粒临界剪切力时,土壤颗粒被搬运产生坡面侵蚀。关于径流剪切力与输沙率的关系,许多学者采用不同的方法进行试验,结果均表明二者之间呈线性正相关关系,杨春霞等[77]、郑良勇等[78]、李鹏等[79]采用径流冲刷的试验方法通过建立土壤侵蚀过程模型得出,坡面输沙率随径流剪切力的增加而增加,吴淑芳等[80]、肖培青[81]、孙佳美等[82]对不同土地类型坡面产流过程进行研究,同样得出输沙率随剪切力的增大而增大。另一方面,径流剪切力与土壤剥蚀率有密切关系,丁文峰[83]、郭明明等[84]、王浩等[85]通过径流冲刷和室内模拟降雨试验对剪切力和土壤剥蚀率进行分析,发现两者之间呈线性关系,Lyle等[86]、Foster等[87]通过水流模拟试验同样得出剪切力与土壤剥蚀率呈正相关关系。

1.2.2　坡面径流侵蚀细沟形态

细沟侵蚀是坡面侵蚀产沙的重要来源,细沟形态在演变过程中,主要通过沟头分叉,细沟自身宽度、深度及长度等因素的演变来改变细沟内水流结构,进而影响坡面侵蚀过程中的径流和产沙量,导致坡面径流和产沙率发生显著变化。目前,国内外关于坡长和雨强对细沟侵蚀量的影响及细沟形态对坡面产流产沙特性的影响进行了大量研究,结果显示,在短坡长下细沟侵蚀量随坡长和雨强的增加而增加,但随着坡长进一步增大到某一长度后,由于泥沙负荷的增加,径流挟沙力减小,浅沟侵蚀量减小[88-90]。细沟形态对产沙量的影响较大,对产流量的影响较弱[91]。细沟发育初期,由于沟头前进而对坡面侵蚀产沙量有明显的贡献;发育中期,切沟沟壁崩塌和沟槽下切对侵蚀产沙影响大;发育后期,沟蚀发育过程处于稳定阶段,坡面侵蚀产沙量变化浮动较小[92-93]。黄土高原地区关于细沟形态方面的最新研究主要集中于以下几个方面:细沟空间分布及形态要素的分析,包括细沟平均宽度和深度的变化情况及其拟合关系等[94];细沟形态与水动力学之间关系的探究,主要是流速随细沟形态的变化情况及其相关关系[73,95];细沟形态量化方法的探讨,提出了细沟沟网的拓扑特征参数、坡面地貌信息熵、分形维数等参数[96]。晋西黄绵土坡面由于其山高坡陡、沟壑纵横且土质疏松,加上植被缺乏,年降雨分布极不均匀,短历时大强度暴雨多,且集中于夏季,极易造成严重水土流失及加速土壤侵蚀。刘前进等[97]借助 GIS 技术,结合王家沟流域主沟道泥沙输移关系,建立了王家沟流域次降雨分布式细沟侵蚀产沙模型;和继军等[98]指出,黄绵土侵蚀产沙量的变化主要取决于细沟发育过程中的演变方式,当细沟侵蚀形态出现崩塌侵蚀时,含沙量会出现急剧增加,即使雨强较小,也会产生严重的土壤侵蚀。

1.2.3 坡面降雨入渗

从降雨开始到产生坡面径流是一个复杂的过程,要考虑坡长、雨强、坡度、土壤的理化特性等。对坡面产流情况进行研究时,必然要涉及土壤的入渗问题,降雨入渗对坡面土壤水分分布和侵蚀产沙有重要的影响作用[99]。一般认为,降雨时间越长,坡面土壤的入渗深度越深;下垫面相同的条件下,降雨强度越大,则其入渗深度越大。大量研究表明,影响入渗的因素主要有雨强、土壤结构和空间分布、坡面覆盖度、土壤前期含水率4个方面[100]。在雨强对入渗的影响方面,王福恒等[101]将人工模拟降雨装置和路堤土工模型结合,分析了降雨历时和降雨强度的敏感程度对边坡稳定性和降雨入渗规律的影响;李毅等[99]基于黄土坡地人工模拟降雨试验,分析了雨强与降雨入渗及土壤水分再分布过程中物质迁移的定量关系,得出各雨强下土壤入渗过程湿润锋与时间的关系可用幂函数表示;沈冰等[102]就短历时降雨强度对黄土坡地入渗影响研究,得出入渗量与雨强成负相关关系;徐佩等[103]、付智勇等[104]采用人工模拟降雨试验得出,降雨强度对土壤壤中流的形成有一定影响,雨强增大有助于壤中流的形成。土壤空间结构方面,Helalia[105]对黏土、壤土进行双环入渗试验,表明稳定入渗率与土壤孔隙率有显著相关性;雷志栋等[106]研究了田间土壤空间分布对入渗的影响;康绍忠[107]、惠士博等[108-109]还对田间土壤入渗率进行了随机性模拟分析;李长兴等[110-111]对陕北黄土单点降雨入渗特征及黄土下渗过程的空间变化[111]分别进行了实验研究分析,结果均表明,土壤空间结构对土壤入渗的影响显著;另一方面,Mcintyer[112]研究显示,坡面上部结皮会严重影响土壤的入渗,大概能减少80%左右的降雨入渗量[113]。关于坡面植被覆盖度对入渗的影响方面,石生新等[114]研究显示,不同水土保持措施有利于坡面降水入渗,耕作方式对土壤入渗和导水率有显著的影响[115],增大植被覆盖率促进降雨入渗[116],而入渗率随坡度的增加呈指数性下降[117]。土壤前期含水率的高低会改变坡面表层土壤的水分梯度,导致土壤颗粒间结合力和团聚体的不同,从而影响坡面径流起始产流时间。贾志军[118]研究了土壤前期含水率与降雨入渗产流的关系,表明土壤入渗率与土壤前期含水率呈线性负相关性,土壤前期含水率对水分入渗率的影响随时间的延长而逐渐减弱[119],压实土壤的入渗率大概是土壤压实前即疏松土壤的50倍左右[120];另外,诸多学者从入渗理论出发,通过建立渗流模型分析入流规律,如 Horton 公式在我国的广泛应用[121]。李宏伟[122]采用非饱和土壤水渗流模型得出,降雨强度越大,土壤含水率受其影响越大;但当雨强达到土壤的饱和渗透系数时,土壤入渗率达到最大值,此时随着降雨强度的增大,土壤中水分变化的影响反而减弱。

目前,我国学者对降雨入渗的研究主要集中于入渗规律、入渗过程、入渗空间结构分布方面,关于入渗的研究逐渐趋于成熟,由刚开始对入渗规律的单向研究逐渐转为对复杂的降雨过程中入渗的空间变化研究,为进一步弄清自然降雨情况下的入渗过程提供了理论依据。但是,由于降雨的入渗过程较复杂和测量难度大,目前的研究仍难以准确地描述其变化规律,以及对坡面的侵蚀破坏机制,有待进一步深入研究。

1.2.4 土壤侵蚀模型的应用

土壤侵蚀模型作为预报水土流失、指导水土保持措施配置的有效工具[123],是土壤侵蚀学科的前沿领域和土壤侵蚀过程定量研究的有效手段。以 Zingg[124] 1940 年发表的土壤侵蚀与坡度和坡长关系模型为起点,土壤侵蚀模型研究至今已有近 80 年的历史。我国 20 世纪 20 年代开始进行土壤侵蚀监测,40 年代在黄土高原建立水土保持试验站[125],1953 年提出土壤侵蚀经验模型[126]。随着土壤侵蚀理论研究的不断深入和计算机、地理信息系统(GIS)、遥感(RS)等新技术的发展,土壤侵蚀模型开始受到越来越多的关注,并不断得以发展和完善。1965 年,美国农业部发布了通用土壤流失方程 USLE(Universal Soil Loss Equation)[127],该公式结构合理、参数代表性普遍、应用范围广,带来了巨大的社会效益和经济效益,但由于模型建立数据限制,只适用于平缓坡地。1985 年,美国有关部门利用最新研究成果结合计算机技术对 USLE 模型进行修正,将其命名为 RUSLE(Revised Universal Soil Loss Equation,修正通用土壤流失方程)[128]。在 2001 年推出的 RUSLE2[129] 中,将坡面侵蚀划分为侵蚀、输移和沉积 3 个过程,使传统的 USLE 模型跳出了单一的经验模型,引入具有物理过程的方程对侵蚀沉积过程进行描述,使该土壤侵蚀模型更加健全。1989 年,美国农业部完成了更为全面的水蚀预报项目 WEPP(Water Erosion Prediction Project)[130],主要用于预报农林牧业中不同利用方式的水文条件和土壤侵蚀力,与 RUSLE 相比,WEPP 能模拟侵蚀沟和侵蚀沟之间的侵蚀及泥沙的迁移和沉积,但其操作不易且对数据要求较高。当然,还有 EUROSEM 模型[131]等。总之,国际上不同尺度的土壤侵蚀预报模型框架结构发展已较为完善,且被运用于黄土高原土壤侵蚀过程研究,国内学者也在总结国外土壤侵蚀模型研究成果的基础上,开发出了有针对性的土壤侵蚀模型,如刘宝元[132]在2001年以USLE为蓝本,利用黄土丘陵沟壑区安塞、子洲、离石、延安等径流小区的实测资料,建立了中国土壤流失预报方程CSLE(Chinese Soil Loss Equation),可用于计算坡面上多年平均年土壤流失量;Mingguo等[133]基于黄土高原不同小流域侵蚀产沙量提出了可预测次洪条件下侵蚀产沙量的比例函数;江忠善等[134]以沟间地裸露地基准状态坡面土壤侵蚀模型基础,将浅沟侵蚀影响以修正系数的方式进行处理,建立了计算沟间地次降雨侵蚀产沙量的方程。总体来看,CSLE、Zheng[132-133]等经验统计模型模拟精度虽高,但不能对侵蚀过程做出理论性解释;物理成因模型DYRIM[135]可以进行气候变化与土地情景分析,但输入数据复杂;Yang和WaTEM/SEDEM[136-137]考虑了沟道侵蚀,却分别存在不考虑河道淤积和预测精度不高且模拟结果不稳定的问题;WEPP和EUROSEM[130-131]能够较好地长时间预测径流泥沙量,但Centeri等[138]通过将WEPP、EUROSEM和MEDRUSH模型模拟结果与人工模拟降雨试验实测数据对比发现,3个模型的有效性均随土壤基本性质的变化而变化,且统计分析表明,EUROSEM模型较WEPP与MEDRUSH模型在估计土壤流失方面较为突出。

EUROSEM和WEPP模型均是在坡面径流小区观测资料基础上发展起来的,主要用于模拟和预测坡面和小流域的水土流失。已有研究显示WEPP模型在晋西地区具有较好的适用性[139],然而,这类连续模拟模型需要一年中大量有关气候和土地使用条件变化的输入数据,而黄土高原地区水土流失主要是由少数几次大雨或暴雨所引起的[140],虽然该模型也可以针对次降雨事件,但只能模拟次降雨的总土壤流失量。基于事件的动态分布式土壤侵蚀模型——EUROSEM模型,则是将单次降雨初始条件指定为数据输入,以分钟为基础对水沙峰值的排放量大小和出现时间进行预测[131],这与该区的降雨特征和需求相契合。国内外学者运用EUROSEM模型进行了诸多模拟研究,如我国学者王宏等[141]应用该模型对三峡库区陡坡地侵蚀状况进行了模拟,指出其在预测产流量上效果较好,而在产沙量的模拟中效果相对较差;Folly等[142]与Mati等[143]分别在荷兰和肯尼亚的流域上分析此模型的适用性,结果均表明其能够较好地模拟不同环境和不同降雨特征下的产流率峰值和总产流量;该模型在尼日利亚裸土表面进行的降雨模拟试验也得到了良好的模拟结果[144]。模型在产流时间和产沙率的模拟方面存在一定不足,这主要是由于对径流含沙量的估计不足[145],但在大多数情况下,降雨事件期间的侵蚀产沙总量是可以充分预测的。

1.2.5　室内外模拟试验差异性分析

天然降雨下野外径流小区观测是土壤流失资料获取的主要途径,但由于天然降雨的有限性与偶发性,以及受人力、物力、财力等限制,使得野外观测难度较大。因此,将野外土壤侵蚀现象按一定比尺关系对应于室内径流槽模型模拟试验是当前土壤侵蚀机制研究中普遍采用的一种快捷且易操作的科学方法[146-149],进而预测野外实地水土流失情况。雷阿林等曾基于物理学方法推导出一个土壤侵蚀试验中的降雨相似性法则,并指出土壤不宜做缩小比尺的模拟,模型土壤应保持与天然土壤最接近的容重、质地、结构等[151]。事实上,室内模型试验用土常取自野外研究区,在取土、运输及装入模型试验槽的过程中,虽最大限度地保持土壤特性与野外相似,但很难做到完全一致。因此,即使在相似的降雨、坡面等条件下,室内与野外水土流失结果仍不可避免地存在差异。简要地说,室内径流槽模型试验可以方便地观测降雨和坡面形态结构等对土壤侵蚀的直接影响,然而,将其试验结果准确用于预测野外实际情况下的水土流失量需要一套科学、系统且包含主要影响因素的转换模型。高建恩等[152]基于相似论及小流域模拟试验理论,初步确定了水力侵蚀调控物理模拟试验的相似律,并用据此所建造的康家屺嵝小流域模型进行验证,指出几何比尺为100时,降雨、汇流、产沙及输沙均与实际情况相符。李书钦等[153]在比尺为2.5时的试验结果显示,径流流态、阻力系数和床面变形也是基本相似的。诸多研究均为模型向原型定量转换这个难点问题的解决奠定了一定的基础,但总体上依然未能很好地解决模型相似准则问题[154],且研究结果具有一定的研究区局限性。

在目前水力侵蚀模型模拟与原型相似准则尚无实质性突破的情况下,鉴于侵蚀机制的复杂性,对于室内模型模拟与野外原状土试验的研究多基于几何相似,通过探讨径流与输沙的差异性,进而为室内模型模拟与原型的转换寻求突破点。由于模拟降雨试验会弱化降雨因子对土壤侵蚀的影响[155],且室内模型试验土壤条件很难与野外完全保持一致,使得室内模型与野外原状土模拟降雨试验结果存在明显差异。管新建等[156]利用模糊贴近度计算方法对邙山黄土的室内外侵蚀产沙过程进行分析研究,结果表明,一定雨强下容重较大的土样与原状土贴近度更高。红壤坡面的试验结果表明,室内与野外侵蚀模数并不按面积比例呈倍数关系,室内模型试验结果反而远大于野外实地试验结果[157],这与Mamisao[158]的研究结论相似;Wouter等[159]在黄土坡耕地的试验结果也显示,在模拟降雨条件下室内产沙量要高于野外。

综上所述,目前学者们通过大量的试验模拟、模型模拟及统计分析等手段,就雨强、坡长、坡度、径流量、下垫面情况和上方汇水等对坡面径流流态、泥沙输移等的影响,降雨条件下坡面细沟形态演变及其对侵蚀产沙的影响,以及室内模型与野外原型之间的差异等方面已有大量研究成果,特别在黄土高原区成果丰硕,对于揭示坡面径流侵蚀规律,阐明侵蚀机制具有重要意义。然而,由于试验条件所限或研究区域的不同,在某些方面研究尚无定论,如径流流态,或者研究结论难以在其他区域推广应用。针对晋西王家沟流域典型的离石黄土母质上发育的黄绵土,就坡长对坡面径流侵蚀水沙关系的影响方面研究较少,目前未见 EUROSEM 模型在该区土壤侵蚀研究中应用,且缺乏室内外侵蚀产沙差异的系统研究。鉴于此,本研究重点探讨 3 个问题:①降雨强度、坡长、细沟形态及径流水动力学特性对晋西黄绵土裸坡面径流侵蚀产沙的影响研究;②EUROSEM 模型在该区的模拟效果评价;③室内与野外坡面径流侵蚀产沙差异性分析,以期为晋西黄绵土坡面更加科学的防治土壤退化、维护生态平衡、可持续发展和治理水土流失提供现实和理论依据,并且为室内模型模拟试验结果准确应用于野外坡面水土流失预测提供科学依据。

1.3　研究目标

本研究采用室内外人工模拟降雨试验方法,分析了不同雨强、坡长条件对晋西黄绵土坡面径流侵蚀产沙特性、径流含沙量、输沙特征的影响;探讨了降雨入渗、细沟及水动力学特性对侵蚀产沙的影响;评价 EUROSEM 模型在晋西土壤侵蚀模拟的适用性;揭示出导致室内与野外试验土壤侵蚀差异性的原因并得出换算系数,以期为该区水土流失的预测及防治提供理论与科学依据。

1.4　研究内容与技术路线

1.4.1　研究内容

晋西黄土高原区山高坡陡,沟壑纵横,土质疏松,植被缺乏,年降水分布不均,短历时大强度暴雨多集中于夏季,极易造成严重水土流失及加速侵蚀。本研究以晋西王家沟流域有代表性的黄绵土为典型对象,采用室内与野外人工模拟降雨试验方法,分析了降雨条件下坡面径流侵蚀产沙、输沙特征,探讨入渗、坡面细沟及水动力学特性对侵蚀产沙的影响,在对比分析室内与野外侵蚀

产沙差异性的基础上,得出室内与野外土壤侵蚀模数换算系数,并建立了经验转换模型。具体研究内容如下:

(1)降雨条件下坡面径流侵蚀产沙分析。主要包括:坡长、雨强对坡面径流侵蚀产沙的影响;产流产沙随降雨历时的过程分析,以及坡长延长相同长度时,产流产沙量增量的变化规律分析;坡长、雨强与产流产沙的相关分析。

(2)入渗对坡面径流侵蚀产沙的影响。主要包括:降雨入渗过程以及雨强、土壤前期含水率对坡面起始产流时间的影响;坡面不同截面部位及不同深度体积含水率的变化规律分析;土壤入渗、体积含水率与产沙率的关系。

(3)坡面径流水动力学特征与输沙特征试验研究。主要包括:不同降雨强度下坡面薄层径流流速、流型流态、径流深、径流剪切力随坡长的变化规律;坡长、雨强与坡面径流水动力学特性的关系,以及不同流态影响下坡面输沙率与径流的关系。

(4)坡面细沟形态及其对产流产沙的影响。主要包括:坡面细沟形态演变特征分析;不同坡长、雨强条件下坡面细沟形态对侵蚀产沙规律的影响。

(5)EUROSEM 模型对坡面侵蚀过程的模拟。主要包括:EUROSEM 模型对坡面径流侵蚀过程及产流产沙量的模拟;对比分析模拟值与实测值,并评价该模型对晋西黄绵土坡面土壤侵蚀过程的模拟效果及在该区的适用性。

(6)室内与野外侵蚀差异性分析与尺度转换。主要包括:降雨条件下室内模型与野外实地土壤侵蚀结果对比;模拟降雨试验后室内外坡面地貌形态差异性及单宽输沙率随产流历时的变化规律分析;统计分析室内与野外土壤侵蚀模数换算系数,并建立经验尺度转换模型。

1.4.2 技术路线

本研究技术路线如图 1-1 所示。

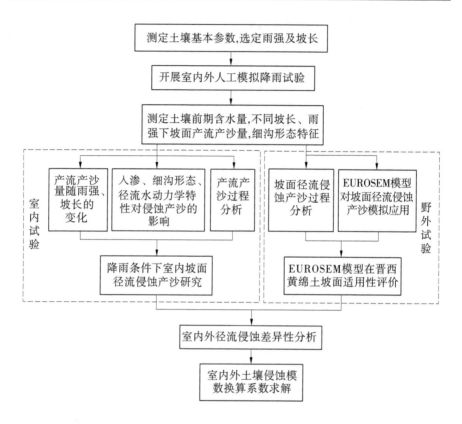

图 1-1　本研究技术路线

第 2 章　试验设计

天然降雨下野外径流小区观测是土壤流失资料获取的主要途径,但由于天然降雨的有限性与偶发性,以及受人力、物力、财力等限制,使得野外观测难度较大。将野外土壤侵蚀现象按一定比尺关系对应于在室内进行径流槽模拟试验是当前土壤侵蚀机制研究中普遍采用的一种快捷且易操作的科学方法[146]。然而,室内人工模拟降雨试验与野外天然降雨试验结果存在明显的差异性。一方面,模拟降雨试验会弱化降雨因子对土壤侵蚀的影响[155],另一方面,室内模型试验土壤条件很难与野外完全保持一致。笔者曾对比分析降雨条件下南方红壤丘陵区、黄土高原区室内与野外不同坡长裸坡面土壤侵蚀情况,数据表明,室内与野外坡面土壤侵蚀模数并不按面积比例呈倍数关系,室内试验结果反而远大于野外实地试验结果。雷阿林等[150]曾基于物理学方法推导出一个土壤侵蚀试验中的降雨相似性法则,并指出土壤不宜做缩小比尺的模拟,模型土壤应保持与天然土壤最接近的容重、质地、结构等[160]。事实上,室内模型试验用土常取自野外研究区,在取土、运输及装入土槽的过程中,虽最大限度地保持土壤特性与野外相似,但很难做到完全一致。因此,即使在相似的降雨、坡面等条件下,室内与野外土壤流失结果仍不可避免地存在差异。简要地说,室内径流槽模型试验可以方便地观测降雨和坡面形态结构等对土壤侵蚀的直接影响,然而,将其试验结果准确用于预测野外实际情况下的土壤流失量需要进行科学系统的且包含主要影响因素的转换。

本研究依据土壤侵蚀原理、水力学及泥沙运动力学等学科原理,采用人工模拟降雨法在野外径流小区与室内径流槽分别进行试验,分析了降雨条件下晋西黄绵土坡面产流产沙过程随坡长和雨强的变化特征,入渗、径流水动力学特征对坡面输沙过程的影响,描述了降雨侵蚀过程中坡面细沟形态的演变,利用 EUROSEM 模型对坡面产流率、产沙率变化特征进行模拟,最后分析了室内与野外侵蚀差异性存在的原因,并进行了室内与野外土壤侵蚀模数的换算,以期为该区坡面水土流失治理及水土措施布设提供科学依据。

2.1　降雨装置及雨强的选择

2.1.1　降雨装置

利用人工模拟降雨装置可以人为控制降雨参数,满足试验所需的不同降雨强度,通过短周期试验即可研究土壤侵蚀规律,是侵蚀研究中常采用的试验手段。本研究所选择的降雨装置是由中国科学院水利部水土保持研究所与西安清远测控技术有限公司共同研发的便携式全自动人工模拟降雨器,装置由降雨器、自记雨量计、主控制器、信号采集器组成,各部分参数值见表2-1。为使模拟降雨雨滴形态、降雨均匀度与天然降雨物理性能尽可能相似,该系统采用世界上唯一专业生产模拟雨滴喷头的美国 SPAYING SYSTEMS CO 公司生产的 FULLJET 旋转下喷式喷头,3 种不同规格的垂直下喷旋转式雨滴模拟专用喷头,叠加成 3 组雨滴喷射组,降雨投射面相互均匀叠加形成降雨区间,既可有较大雨强变化,又可保证(小雨、中雨、大雨)雨滴模拟效果,从而形成从小到大的连续可调雨强。由于该模拟降雨器控制系统由雨量计装置和附属数据采集器组成,可实时采集雨强、压力和流量等数据。因此,既能显示模拟降雨的动态变化及曲线,又便于很快调节得到试验模拟雨强要求值。模拟器降雨调节精度为 7 mm/h,误差≤2%,但模拟降雨试验前,研究者仍然对雨强进行了标定,并计算得出该模拟器的降雨均匀系数在 85% 以上(与厂家给出的均匀度值 0.86 相吻合),其降雨均匀度、雨滴分布和降雨终点速度都能达到较理想的效果。此外,该模拟降雨器控制系统还同时装有降雨架和控制端数据采集器,可实时采集雨强、压力和流量等数据,能及时显示模拟降雨过程中各种参数的动态变化及曲线,并据此来快速调节到固定的雨强,还能利用 U 盘将数据随时传输到电脑端。装置组成如表2-1所示。

表 2-1　降雨装置系统参数

序号	设备名称	型号	设备参数
1	降雨器	QYJY-501	喷头(FR/11、FR/13、FR/15);雨强连续变化范围 15~200 mm/h;降雨可覆盖面积 5 m×5 m;雨滴大小调控范围 0.3~5.7 mm;降雨调节精度 7 mm/h;误差≤2%
2	自记雨量计	SL3-1	承水口径 ϕ 200 mm±0.6 mm;分辨率 0.1 mm;准确度 4%

续表 2-1

序号	设备名称	型号	设备参数
3	主控制器	SC-101	工作电压 AC 220 V/50 Hz；工作环境温度 0~60 ℃；湿度≤95%RH(+40 ℃)；数据存储容量≥32 000 条；采集间隔 10~9 999 s；通信接口 RS232
4	信号采集器	QYCJ-2	工作电压 DC 24；工作环境温度-10°~50 ℃；湿度≤95%RH(+40 ℃)；数据存储容量≥32 000 条；通信接口 RS232

2.1.2 降雨均匀性标定

一般情况下，天然降雨的均匀系数 CU(Coefficient of Uniform)在 80% 以上，试验测定 CU 值为 80%~90% 是可以接受的[161]。试验过程中降雨喷头距离地面的高度为 10 m，以满足雨滴降落到坡面前可达终点速度。将降雨支架放置于径流小区/径流槽两侧适当位置，以满足试验坡面范围内的降雨分布均匀。标定降雨强度时，在径流小区四周均匀分布直径 85 mm、高 200 mm 的雨量筒(随着坡长的延长增加雨量筒数量)，打开控制开关，得到 20 min 降雨时间内坡面各处雨强，小区周围放置雨量筒的个数根据坡长确定，将雨量筒内承接的雨量高度除以降雨时间可得到实测降雨强度[162]，将其与通过控制器设置的雨强进行比较以标定雨强。降雨均匀度的测定采用均匀性系数 CU，计算公式如下：

$$CU = 100 \times \left(1 - \frac{\sum\limits_{i=1}^{i=n} |x_i - \bar{x}|}{n\bar{x}} \right) \tag{2-1}$$

式中：$\bar{x}$ 为平均降雨强度，$\bar{x} = \frac{1}{n}\sum\limits_{i=1}^{n} x_i$；$x_i$($i = 1,2,3,\cdots,n$)为第 i 个观测值；n 为观测值数目，每次降雨重复 3 次得到降雨均匀系数。

经过计算得出本降雨装置的降雨均匀系数在 85% 以上，降雨均匀度、雨滴分布及雨滴终点速度均能满足试验要求。

2.1.3 人工模拟降雨试验雨强的选择

目前主要根据降雨量和降雨强度两个指标对降雨强弱进行分类。我国气象部门主要是根据一定时间段内降雨量来划分降雨类型(见表 2-2)；其他是根据单位时间内的降雨量来划分,也就是常见的降雨强度。由于本试验大部分研究是针对次降雨过程中坡面径流侵蚀产沙过程,所以采用的雨强依据是单位时间内降雨量(mm/h)。

表 2-2 降雨类型划分

降雨等级	降雨强度分级	12 h 降雨量(mm)	24 h 降雨量(mm)
1	小雨	0.2~5.0	<10
2	中雨	5~15	10~25
3	大雨	15~30	25~50
4	暴雨	30~70	50~100
5	大暴雨	70~100	100~200
6	特大暴雨	>100	>200

根据王家沟流域暴雨统计,该区降雨量高度集中,且历时短、强度大,是造成土壤侵蚀的主要原因,其中暴雨强度多集中于 60~90 mm/h 范围内。山西省水文局降雨监测资料显示,该研究区强度大于 24 mm/h 的降雨占降雨总数的 50% 左右,汛期最大降雨强度达到 90.30 mm/h。因此,本试验设计降雨强度为 30~125 mm/h。喷头装置在离地面 10 m 的高度上,径流槽四周均匀放置 35 个雨量筒(直径 85 mm、高 200 mm)进行降雨均匀度测定及雨强标定。

2.2 野外人工模拟降雨试验

2.2.1 研究区概况

为了研究降雨条件下野外裸坡面径流侵蚀产沙特征,于 2019 年 7~9 月在山西省吕梁市离市区王家沟流域野外径流小区进行人工模拟降雨试验,研究区位置见图 2-1。晋西王家沟流域山高坡陡,沟壑纵横,为三川河中游左岸一条支沟,属黄土丘陵沟壑区第一副区,流域面积 9.1 km²,地理坐标为东经 111°11′、北纬 37°31′。年平均气温 8.90 ℃,多年平均降水量 490.30 mm,降雨多集中于 7~9 月,历时短、强度大,极易造成严重水土流失并加速侵蚀,实测多年平均输沙模数 7 651 t/km²。研究区土壤母质为新生界第四系中更新统离石黄土或晚更新统马兰黄土与中更新统离石黄土的混合土,为典型的离石黄土母质上发育的黄绵土,颗粒细小,质地疏松,不具层理,具有直立性,并含有碳酸钙,遇水容易溶解、崩塌,地面坡度较大且坡面植被稀疏。径流小区表层土壤容重 1.37 g/cm³,有机质含量 13.42 g/kg,pH 值 8.15,根据国际制粒级划分标准,土壤黏粒(<0.002 mm)、粉沙粒(0.002~0.02 mm)、沙粒(0.02~2 mm)质量分数分别为 1.75%、14.2% 和 84.05%。研究区土壤、气候在晋西黄土高原地区有较好的典型性和代表性。

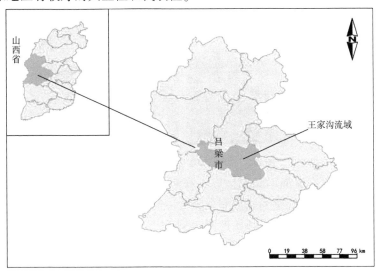

图 2-1　研究区位置示意图

2.2.2　试验设计及分析方法

由于王家沟流域梁峁两侧坡度为 15°~30°,且许炯心[163]对该流域坡面及沟道系统的研究表明,坡度 20° 时径流含沙量与高含沙径流频率都达到峰值;王全九等[164]对该流域官道梁坡面径流侵蚀的研究也表明,坡度 20° 时水土流失量达到最大值。因此,选取径流小区坡度为 20°。另外,研究显示,该区坡面上果园等种植的株行距一般设置为 2 m×3 m、2 m×4 m 或 3 m×4 m[165],柠条的布设间距为 4 m[166],为了研究此坡长范围内土壤侵蚀规律及为水土保持措施布设提供依据,试验设计坡长为 1~5 m,径流小区宽度为 2 m,表面均无植被生长。降雨器喷头距离地面高度 10 m 左右,根据付兴涛[167]对降雨均匀性的测定及雨强标定,得出本试验所用人工模拟降雨器的降雨均匀系数在 85% 以上,雨滴分布及终速等指标均符合试验要求,可以开展试验。由于径流小区分布比较散,所以每个小区分别进行试验,每场降雨重复 2 次,共降雨 64 场(见图 2-2)。

图 2-2　野外与室内人工模拟降雨

　　每场降雨前在坡面不同部位取土样测定土壤含水量,以保证所有降雨试验土壤前期水分含量(绝对含水量)相对一致,均在 15.00%(容积含水量)左右。试验过程中,记录降雨开始产流时刻,产流后每隔 2 min 用 1 L(1 个或多个)的标有刻度的塑料瓶在坡面出口处采集一次径流泥沙样,并量好水温,以计算坡面径流输沙过程,自产流开始持续降雨 30 min,共采集 15 个径流样品。由于径流小区分布比较散,所以每个小区分别进行试验,每场降雨重复 2 次,共降雨 64 场。再将含有泥沙的塑料瓶带回实验室静置 24 h,通过测量瓶中水的深度得出径流体积,然后倒去上清液,将泥沙烘干称质量(105 ℃ 的条件下烘 12 h)得到泥沙量,泥沙质量除以采样时间,得到该时段径流输沙率。试验水、土样于 2019 年 7~9 月在实验室进行分析,取两次重复试验的产流产沙平均值作为最终试验结果。

2.3　室内人工模拟降雨试验

2.3.1　试验时间和地点

　　室内人工模拟降雨试验于 2019 年 4~6 月在太原理工大学水利科学与工程学院水流试验大厅进行,分析了降雨条件下坡长、雨强、入渗等对晋西黄绵土坡面土壤侵蚀的影响,以及降雨过程中坡面细沟的变化特征。

2.3.2　径流槽物理模型设计及试验用土

2.3.2.1　径流槽物理模型设计

试验所用 5 个径流槽均为木质槽,宽、高规格均为 0.5 m,长度分别为 1 m、2 m、3 m、4 m、5 m,坡面无植被。因木质槽无法调节坡度,故在地面砌筑梯级砖墙并将 5 个径流槽并排布置于砖墙上方,以与地面形成 20°的夹角。径流槽末端设置倒三角形的集流装置以便于承接径流泥沙样(见图 2-3)。

图 2-3　室内试验坡面与取土地点

2.3.2.2　试验用土的理化性质

试验土壤取自山西省离石区王家沟流域野外径流小区旁的坡面上(见图 2-3),取土坡面无植被生长。试验土壤的基本理化性质如表 2-3 所示,土壤质地为沙质壤土。

表 2-3　供试土壤基本理化性质

土壤容重 (g/cm^3)	初始容积含水量 (%)	总孔隙度 (%)	有机质 (g/kg)	pH	土壤机械组成(%)		
					沙粒(2~ 0.02 mm)	粉沙粒(0.02~ 0.002 mm)	黏粒 (<0.002 mm)
1.35	13.99	49.05	13.42	8.15	84.05	14.20	1.75

2.3.2.3　试验径流土槽的装填

测定所填土壤的含水量(烘干法测定)、容重(环刀法测定),以计算所需填土重量,计算公式如下:

$$W = \rho_s \times l \times b \times h \times (1 + \theta/100)$$

式中:W 为填土重量,kg;ρ_s 为土壤容重,g/cm^3;l 为径流槽长度,cm;b 为径流槽宽度,cm;h 为径流槽深度,cm;θ 为土壤含水量(%)。

在当地选择 2 m×4 m 的空地,每隔 10 cm 分层取土,取土总深度为 50 cm,按野外土层顺序分别装袋。运回温室内后,将土壤风干并去除杂质。装土时,在径流槽底部均匀装入 5 cm 厚的细沙,并铺上透水纱布,以使径流槽底部土壤透气透水性接近自然状态,然后在纱布之上装填 45 cm 厚的供试土壤。装土前通过烘干法测定土壤含水量,严格控制土壤容重与自然状态一致。为确保装填土壤均匀一致,按照野外原始土壤层次以 9 cm 为一层,共分为 5 层将土装入径流槽内,试验径流槽分层填土时,边填土边压实并尽量保证各处填土厚度均匀,每填完并压实一层后,在填装上面一层之前,将下面一土层表面用齿耙耙松,然后再填上面一层土壤,以保证两个土层的接触面均匀一致。将土槽静置 1 个月,并定期洒水,使槽内土壤沉实到接近自然状态,用环刀法测定沉实后槽内土壤容重,直到槽内土壤容重接近自然状态时方可进行人工模拟降雨试验。在保证试验设计容重并使下垫面土壤条件的变异性达到最小的同时,在土壤与土槽边壁接触的地方尽量压实,并于装土结束后用平尺将土壤表面刮平,以减小边壁边际效应对坡面产流、产沙过程的影响。

2.3.3 试验设计及研究方法

每场降雨前在坡面不同部位取土样测定土壤含水量,以保证所有降雨试验土壤前期水分含量(绝对含水量)相对一致,均在 13.99%(容积含水量)左右。试验过程中,记录降雨开始产流时刻,产流后每隔 2 min 用 1 L(1 个或多个)的标有刻度的塑料瓶在坡面出口处采集一次径流泥沙样,并量好水温,以计算坡面径流输沙过程,自产流开始持续降雨 30 min,共采集 15 个径流样品。由于 4 个不同坡长的径流槽并排放置,所以每场降雨 4 个坡长可同时进行降雨试验。每场降雨重复两次,共降雨 16 场,有效降雨 16 场。再将含有泥沙的塑料瓶带回实验室静置 24 h,通过测量瓶中水的深度得出径流体积,然后倒去上清液,将泥沙烘干称质量(105℃ 的条件下烘 12 h)得到泥沙量,泥沙质量除以采样时间,得到该时段径流输沙率。降雨时,观察坡面细沟侵蚀形态,并拍照记录。对细沟的基本形态特征(长、宽、深等)进行测量。试验土、水样于 2019 年 4~6 月在实验室进行分析,测试方法及数据分析方法同 2.2.2 节。

2.3.4 人工模拟降雨入渗试验

2.3.4.1 水温传感器

RS485 土壤温湿度传感器(见图 2-4、表 2-4):适用于土壤温度及水分的测量,经与德国原装高精度传感器比较和土壤实际烘干称重法标定,精度高,响应快,输出稳定。受土壤理化性质影响较小,适用于各种土质。可长期埋于土壤中,耐长期电解,耐腐蚀,抽真空灌封,完全防水。埋地测量法:选择合适的测量地点,抛开表层土垂直挖深到指定深度。在既定的深度将传感器钢针水平插入坑壁,将坑埋严实,稳定一段时间后,即可进行连续数天长时间的测量和记录。

图 2-4　土壤温湿度传感器

表 2-4　水温传感器参数

主要参数	
量程	0~100%
精度	读数的 3%(0~53%)
	读数的 5%(53%~100%)
响应时间	<1 s
输出信号	RS485/4~20 mA/0~5 V/0~10 V

2.3.4.2　试验设计

试验采用 RS485 土壤温湿度传感器来动态监测坡面土壤内部温度和含水量的变化情况。试验前总共在坡面上埋设 10 个温湿度传感器,分为 4 组,在 1 m、2 m、3 m、4 m、5 m 斜坡对应坡面每隔 1 m 埋设 1 个(具体位置如图 2-5所示),深度 15 cm 左右。埋设时要注意确保各传感器探头尽量位于坡度方向同一剖面,且读数不会受到其他埋设传感器探头的相互干扰。采用洛阳铲开孔到埋设深度后,直接将传感器探头放置在固定深度处的土壤中,传感器放置到预定部位后用开挖出的土分多层回填,逐层捣实。为保证埋设的传感器能如实反映土壤含水量的变化情况,埋设时必须万分谨慎,尽可能减少对土体的扰动,保证所埋设的传感器与土壤接触良好。将传感器通过 NodeMCU Lua Wi-Fi 测试板连接到电脑控制器上(见图 2-6),控制器每隔 2 min 记录一次数据,时长共 30 min,分别记录下每场降雨前后不同坡长、雨强条件下的土壤温湿度值(见图 2-7、图 2-8)。每场降雨结束后,在与各坡面温湿度传感器相同的横截面位置用取土器沿竖直方向 5 cm、10 cm、15 cm 和 20 cm 分别取 4 个土样,装入铝盒内带回实验室,用烘干法称量得出土壤重量含水率,用重量含水率除以土壤容重得到其体积含水率。

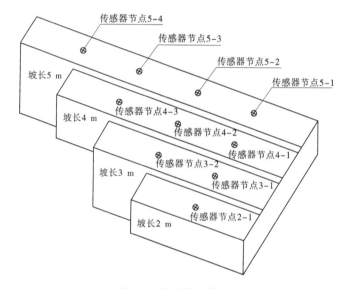

图 2-5　传感器布置图

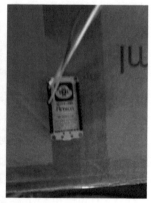

图 2-6　Wi-Fi 模块

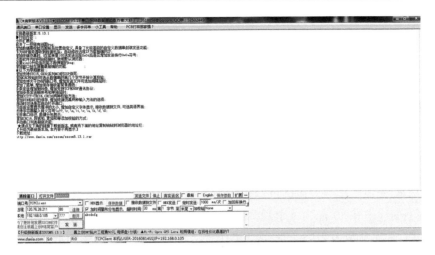

图 2-7 电脑控制端界面

图 2-8 数据接收界面

2.4　参数计算

由于坡面径流水深极浅,且下垫面糙度较大,除流速通过实测获得,其他水动力学参数借鉴明渠流理论计算得出。

2.4.1　流速测定与计算

鉴于坡面水流水层很薄且各点的流速分布不均匀,常用断面平均流速来代替实际流速。试验采用染色剂法($KMnO_4$)测定流速[168],先确定观测断面,观测断面往上 0.50 m 为一个观测间距,用注射器注射染料,当染料碰到径流表面时,用精确到 0.01 s 的秒表开始计时,直到至少 1/2 观测断面被染料触碰停止计时,得到观测间距内表面流速 v_s。试验采用平均流速 v 来计算,根据 $v = kv_s$(其中 k 为系数),已有研究表明,平均流速随着雷诺数的增大而增大,对于层流、过渡流、紊流系数分别为 0.67、0.70、0.80[169],根据预先粗略计算的坡面流态选择合理的系数进行流速计算,然后根据计算得到的流速重新计算 Re,确定准确的流态。

2.4.2　径流深计算

坡面流形态复杂,水深难以准确测定,由于过水断面近似为矩形,可根据水流连续性方程计算径流深,计算公式如下:

$$h = \frac{q}{v} = \frac{Q}{vBt} \tag{2-2}$$

式中:h 为径流深,m;q 为单宽流量,$m^3/(s \cdot m)$;v 为断面平均流速,m/s;Q 为 t 时间内的径流量,m^3;B 为过水断面宽度,m;t 为径流取样时间,s。

2.4.3　雷诺数及弗劳德数

雷诺数及弗劳德数是判断水流流态的主要指标,1885 年 Reynold 曾用试验揭示了实际液体运动存在的两种型态即层流与紊流的不同本质,试验表明,同一种流动中,当流速较大时,液体的质点互相混掺,显示出的流态为紊流,而当水流流速较小时,水质点有条不紊地向前运动,彼此互不混掺,形成的流动型态为层流[170]。经过反复试验后,Reynold 得出用雷诺数(表征惯性力与黏滞力的比值)Re 作为判别层流与紊流的准则。对于明渠水流:

$$Re = \frac{\text{惯性力}}{\text{黏滞力}} = \frac{\upsilon R}{\nu} \qquad (2\text{-}3)$$

式中：υ 为平均流速，m/s；R 为水力半径，m；ν 为运动黏滞性系数，m²/s（与水温有关）。

由于坡面各处土壤抗侵蚀能力不同，导致水流冲刷过程中坡面微起伏的不断改变，以及坡面每一固定测点水力学参数随着降雨历时的延长和雨强的变化而不同，使得薄层水流在时间和空间上分布是非稳定和非均匀的。依据明渠水流的判断标准，坡面薄层水流可视为二元结构的明渠流[64]，因此本书采用水力学二元流雷诺数法判别坡面薄层水流的流态，当 Re 小于 500 时水流为层流，Re 大于 500 时为紊流，Re 在 500 左右视为过渡流，计算公式为：

$$Re = \frac{\upsilon h}{\nu} \qquad (2\text{-}4)$$

式中：h 为坡面薄层水流径流深，m；ν 为运动黏滞性系数，m²/s（与水温有关）；υ 为断面平均流速，m/s。

弗劳德数 Fr 代表水流的惯性力和重力作用的对比关系，用来判别水流的流型流态，当 $Fr=1$ 时，说明惯性力作用与重力作用相等，水流为临界流；当 $Fr>1$ 时，说明惯性力大于重力作用，水流为急流；当 $Fr<1$ 时，说明惯性力小于重力作用，水流为缓流，计算公式为：

$$Fr = \frac{\upsilon}{\sqrt{gh}} \qquad (2\text{-}5)$$

式中：h 为坡面薄层水流径流深，m；g 为重力加速度，m/s²。

2.4.4　径流剪切力

坡面薄层水流沿着坡面梯度方向运动的同时，在其运动方向上产生径流剪切力，破坏土壤原有结构，分散土壤颗粒，使被剥蚀的土壤颗粒随径流输出坡面，从而造成水土流失。通过径流流速来计算径流剪切力，计算公式为：$\tau = \rho u^2$，其中，u^2 为剪切流速。由于坡面水流很薄，难以测到床面的剪切流速，所以一般就用整个坡面流速来代替剪切流速。但是用整个坡面的流速来计算剪切流速会导致剪切力偏低[171]，故采用径流深来计算坡面径流剪切力，公式为[172]：

$$\tau = \rho g h J \qquad (2\text{-}6)$$

式中：τ 为水流剪切力，Pa；ρ 为水的容重，kg/m³；g 为重力加速度，m/s²；h 为径流深，m；J 为水力坡度，取 $J = \tan 20° = 0.364$。

2.4.5 输沙率

泥沙输移是坡面侵蚀的主要过程之一,径流输沙率是分析径流对泥沙输移作用的重要参数,计算公式如下:

$$Q_z = \frac{S}{t} \tag{2-7}$$

式中:Q_z 为径流输沙率,kg/min;S 为产沙量,kg;t 为径流取样时间,min。

2.4.6 细沟密度

细沟密度是指坡面单位面积内细沟的总长度,能够反映坡面的破碎程度,其计算公式为:

$$D_s = \frac{\sum\limits_{i=1}^{n} l_i}{s} \tag{2-8}$$

式中:D_s 为细沟密度;l_i 为坡面第 i 条细沟的沟长,m;s 为坡面面积,m^2;n 为细沟总数量。

2.4.7 细沟割裂度

细沟割裂度是指坡面单位面积内所有细沟平面面积之和,为无纲量参数;能客观地反映坡面的破碎程度和细沟侵蚀强度,计算公式为:

$$\mu = \frac{\sum\limits_{i=1}^{n} s_i}{s} \tag{2-9}$$

式中:μ 为细沟割裂度;s_i 为坡面第 i 条细沟的表面积,m^2;s 为坡面面积,m^2。

2.4.8 细沟宽深比

细沟宽深比是指细沟宽度与对应的细沟深度之比,为无纲量参数;可以反映细沟形状的变化,计算公式为:

$$R_{WD} = \frac{\sum\limits_{i=1}^{n} W_i}{\sum\limits_{i=1}^{n} D_i} \tag{2-10}$$

式中:R_{WD} 为细沟宽深比;W_i 为第 i 条细沟的宽度,m;D_i 为第 i 条细沟的深度,m。

2.4.9 土壤侵蚀模数的计算

每次降雨产流后将含有泥沙的径流过滤、烘干、称重得到产沙量,结合径流小区面积进一步计算次降雨土壤侵蚀模数[173]:

$$M_S = 1\ 000 \times \frac{S}{A} \tag{2-11}$$

式中:M_S 为次降雨土壤侵蚀模数,t/km²;S 为产沙量,kg;A 为径流小区面积,m²。

2.4.10 径流模数的计算

径流模数是单位流域面积上单位时间所产生的径流量。在所有计算径流的常用量中,径流模数消除了流域面积大小的影响,最能说明与自然地理条件相联系的径流特征。通常用径流模数对不同流域的径流进行比较,计算公式为:

$$M = Q \times 1\ 000/A \tag{2-12}$$

式中:M 为径流模数,m³/(s·km²);Q 为流量,m³/s,可以是瞬时流量,也可以是某时段的平均流量;A 为流域面积,km²。

还可以按照降雨量与径流系数确定,计算公式为:

$$M = 1\ 000\ 000\alpha \times P/T \tag{2-13}$$

式中:α 为多年平均年径流系数,mm/mm;P 为时段降雨量,mm;T 为降雨时段,s。

2.5 样品测定

试验土壤理化性质分析在太原理工大学实验室内进行,测定方法如下:

(1)土壤容重:环刀法。

(2)土壤颗粒组成:比重计法。

(3)土壤有机质含量:重铬酸钾容量法–外加热法。

2.6 试验数据分析

本研究试验数据的处理与分析主要包括表格和图表绘制、相关性分析和回归分析:绘制了坡面径流量、产沙量、水动力学参数、径流含沙量随坡长及雨强增加的变化曲线;坡长等值增加时,径流量增量、产沙量增量和径流量、土壤体积含水率随降雨历时变化的散点图;坡面水动力学参数随雨强变化的散点图,以及各土层土壤质量含水率变化的柱状图。对坡面径流量、产沙量、水动力学参数、径流含沙量与坡长及雨强进行回归分析及相关分析,同时也对径流量、入渗率、土壤含水率、水动力学参数与坡面产沙率进行回归分析和相关性分析,并对其之间的函数关系进行线性、曲线拟合。采用 Nash 模型效率系数 ME[174] 和相对误差 RE 评价模型模拟精度。模型效率系数 ME 越高,说明实测值与模拟值拟合效果越好;而相对误差 RE 越小,说明实测值与模拟值拟合度越高,模型适用性越好。

第3章　降雨条件下坡面径流侵蚀产沙分析

　　降雨及其产生的径流是引起黄土高原土壤侵蚀的主要动力,坡面流水深极浅且受雨滴扰动作用明显,降雨强度作为描述降雨特性的参数,通过改变雨滴击溅强弱及降雨动能的大小进而对分散土粒、径流紊动产生影响,是研究水土流失影响因素中不可缺失的部分。坡长通过改变坡面径流的汇集路径及能量分配进而影响径流侵蚀产沙的强弱变化。本章采用室内人工模拟降雨试验方法,分析不同降雨强度、坡长条件下晋西黄绵土坡面径流侵蚀产沙规律,揭示坡长、雨强对坡面产流产沙的影响机制,进一步探讨坡长增加相同长度时,产流量、产沙量的变化趋势,以期为该区坡面水土流失预测及治理、水土保持措施的布设提供科学依据。

3.1　坡长对坡面径流侵蚀产沙的影响

3.1.1　径流量与坡长的关系

　　总体而言,同一雨强下坡面径流量随坡长的延长而增大,雨强越大增幅越明显(见图3-1),二者的关系可用线性方程描述(见表3-1),回归方程的判定系数除 50 mm/h 雨强时为 0.840 外,其余均在 0.923 以上,表明方程拟合程度好。雨强 30 mm/h 时径流量随坡长变化曲线的斜率较小,增加幅度不显著,随着雨强的增大,径流量过程线的斜率明显增大,由 30 mm/h 时的 0.004 增大到 120 mm/h 时的 0.045,说明坡长与径流量的变化关系受雨强影响,径流量随坡长增加速率随雨强的增大而更加显著。如坡长由 2 m 延长至 5 m,50~120 mm/h 雨强对应径流量的变化范围分别为 0.008~0.021 m³、0.011~0.028 m³、0.015~0.039 m³、0.018~0.052 m³、0.026~0.072 m³、0.035~0.102 m³、0.048~0.151 m³ 和 0.064~0.202 m³,相应径流量增幅分别为 0.013 m³、0.017 m³、0.024 m³、0.034 m³、0.046 m³、0.067 m³、0.103 m³、0.138 m³,120 mm/h 雨强时径流量随坡长增加最为明显,增幅是雨强 50 mm/h 时的 10.6 倍。分析其原因,坡面宽度相同时,坡长增加引起坡面面积扩增,相同雨强及降雨历时条件下,面

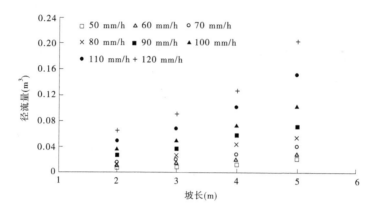

图 3-1　不同雨强下径流量随坡长的变化趋势

积越大的坡面可承接的雨量越多,因各坡面的土壤性质、土壤前期含水量、下垫面均相同,则下渗率相同,又因短坡长所需的汇流时间较短,使径流呈现连续性,导致入渗量较少,故降落在坡面各处的雨量满足坡面少量下渗需求后大部分均转化为坡面径流,坡长越长,可转化的径流量越多。另一方面,坡度相同时,坡长越长,坡面上部径流所具有的重力势能就越大,在向坡面下部流动的过程中转化的动能就越多,径流汇集速度随之加快,则在相同时间内较长坡长即可在出口处汇集更多的径流。孔亚平等[175]对陕北黄土坡面侵蚀过程的室内研究也得出,径流量随坡长增加呈线性增大,其对 10 m 坡面进行四等分,得出各坡段径流差别很小,而位于坡面下部的坡段因在自身产流的基础上又接受了上方来水,故径流量增多,且越往下部其接受的上方来水越多,可见上方汇流作用是造成径流量随坡长增加而增多的一个重要原因。

表 3-1　不同雨强下径流量与坡长的关系

雨强(mm/h)	回归方程	判定系数 R^2
50	$Q = 0.004L - 0.002$	0.840
60	$Q = 0.005L - 0.001$	0.923
70	$Q = 0.008L - 0.002$	0.961
80	$Q = 0.012L - 0.007$	0.977
90	$Q = 0.016L - 0.009$	0.975
100	$Q = 0.022L - 0.014$	0.975
110	$Q = 0.034L - 0.028$	0.961
120	$Q = 0.045L - 0.037$	0.938

此外,降雨强度较小时,产流量随坡长延长的变化曲线斜率较小,产流量增量较小,随着降雨强度的增大,产流量变化曲线斜率明显增大,增量也明显增大,其中降雨强度为 120 mm/h 时产流量的增大随坡长延长最为明显,该降雨强度条件下坡长为 5 m 时的产流量较坡长为 2 m、3 m、4 m 时分别增加了 13.8×10⁻² m³、11.2×10⁻² m³、7.6×10⁻² m³,表明坡长与产流量间的关系受降雨强度的影响,坡长对径流的影响随降雨强度的增大而增大。这主要是因为,降雨历时一定,降雨强度越大降雨量越多,各坡面产流量相应增大,且降雨强度较大时,黄土坡面极易发生超渗产流[176],坡面在短时间内即可产生大量径流;同时,裸坡面表土颗粒直接遭受雨滴的作用力,而雨滴动能随降雨强度的增大而增大,易产生细沟,导致细沟侵蚀。场次降雨结束后对坡面细沟形态进行观测,在降雨强度为 90~120 mm/h,坡长 4 m、5 m 时均观察到细沟的出现,这促使面状水流转变成股流,导致产流量显著增大。

3.1.2　坡长等值增加时径流增量的变化特征

为深入分析坡长增加对径流量的影响,绘制坡长等值增加时径流量增量随雨强的变化图(见图 3-2),结果显示,坡长由 2 m 增加到 3 m、3 m 增加到 4 m 及由 4 m 增加到 5 m 时,虽然增加幅度均为 1 m,但相同雨强下径流量并非等值增加,50 mm/h、70 mm/h、100 mm/h、110 及 120 mm/h 雨强时径流量增量表现为连续增大,雨强越大增幅越大;60 mm/h、80 mm/h 及 90 mm/h 雨强时径流量虽然随坡长增加而增大,但其增量却为波动变化。50~70 mm/h 雨强及 100~120 mm/h 雨强范围内,坡长由 4 m 增加至 5 m 时径流量增加最为明显,且径流量增量随着雨强的增大也在逐步变大,径流量增量分别为 0.009 m³、

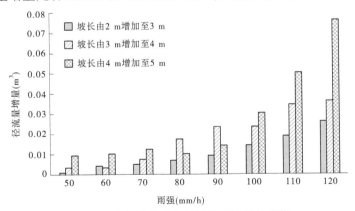

图 3-2　坡长等值增加时径流量增量的变化

0.010 m^3、0.012 m^3、0.030 m^3、0.050 m^3 和 0.076 m^3；80 mm/h 与 90 mm/h 雨强时，坡长由 3 m 增加至 4 m 时径流量增量较 2 m 增加到 3 m、4 m 增加到 5 m 时大，分别为 0.017 m^3 和 0.023 m^3。

将不同降雨强度下，坡长由 2 m 增加至 3 m、3 m 增加至 4 m 及 4 m 增加至 5 m 对应的径流量增量绘制两两变量间的相关散点图(见图 3-3)，观察发现，纵横坐标所表示的不同坡段径流增量虽同时增大，但两两之间并未呈现等差或等比增加趋势。Chaplot 等[177]对黄土坡面农耕地的研究也得出，雨强不同时径流量增量随坡长的增加并不相等；陈正发等[178]对紫土坡面的野外降雨试验同样得出坡长对径流量的增加效应并不一致，其认为坡长增大易形成流速较大的集中股流，造成坡面下部出现细沟，改变了坡面径流汇流机制，引起径流量随坡长增加的非线性变化。

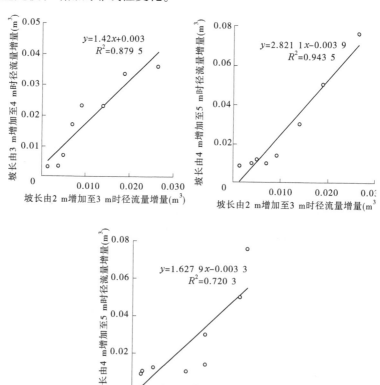

图 3-3 50~120 mm/h 径流量增量间关系

　　分析上述现象产生的原因,首先径流沿坡面向下流动的过程中除自身运动消耗能量外,还需抵抗土壤表层对其的阻力导致径流能量减弱,但流动的过程又伴随着上坡径流的汇入对其能量进行补充以使能量增强,这种能量强弱交替的空间变化易引起坡面各部位径流强度的非均一性,汇集至出口处就表现为径流增量的非一致性。其次,径流强度分布不同会引起坡面各处的流速具有空间分异性[179],且这种分异性随雨强的增大而增强,对出口处径流汇集的快慢及总量的大小均有一定影响。再次,坡面不同部位的侵蚀方式也有差别,试验过程中观察到,2 m、3 m 坡面在雨强 30~120 mm/h 范围内并没有明显细沟出现,而 4 m、5 m 坡面的细沟位置也均位于坡面下部,致使坡长由 3 m 增加至 4 m 及由 4 m 增加至 5 m 时,径流量增量最易达到最大值。由此初步建议,晋西黄绵土陡坡坡面至少应该每隔 4 m 布设水土保持措施,如种植柠条、沙棘等耐旱性植物作为植物篱,以截短坡长,减缓径流汇集速度,在坡度、坡向较复杂的坡段,还可将造林护坡与种草护坡相结合,增大坡面植被覆盖率,增加入渗量,减小地表径流量,在较陡坡面,还可以设置横向排水沟,以汇集径流引水灌溉,或修建水平梯田,以改变径流路线,储水拦沙。

3.1.3　产沙量与坡长的关系

　　雨强 50~120 mm/h 范围内,坡面产沙量随坡长的变化趋势显示(见图 3-4),相同降雨强度下,坡面产沙量随坡长的增加均呈现出增大趋势,与径流量随坡长增加的变化趋势大体相同,这是因为泥沙的产生过程是降雨与径流共同对坡面土壤的侵蚀、搬运和沉积过程。相同降雨强度下,产沙量与坡长的关系用线性函数表示(见表 3-2,$R^2 > 0.89$),雨强越大,随坡长延长产沙量增速越快,增量越大,表现为线性函数系数的增大,变化范围为 0.111~2.230。坡长从 2 m 增加至 5 m,50 mm/h 及 60 mm/h 雨强时产沙量增幅较小,分别为 0.340 kg 和 0.467 kg;70~90 mm/h 雨强时产沙量增量有所提高,增幅分别为 1.416 kg、1.911 kg 和 2.186 kg;100~120 mm/h 雨强时产沙量增幅最为显著,分别为 3.332 kg、4.986 kg 和 6.928 kg,120 mm/h 雨强时产沙量增量分别可达 50~110 mm/h 雨强的 20.4 倍、14.8 倍、4.9 倍、3.6 倍、3.2 倍、2.3 倍、1.4 倍,可见,雨强的增大很大程度上增强了坡长对产沙量的影响作用。

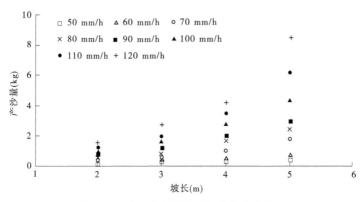

图 3-4　坡面产沙量随坡长的变化趋势

表 3-2　不同雨强下产沙量与坡长的关系

雨强(mm/h)	回归方程	判定系数 R^2
50	$S = 0.111L - 0.110$	0.996
60	$S = 0.154L - 0.134$	0.994
70	$S = 0.467L - 0.724$	0.905
80	$S = 0.665L - 1.009$	0.956
90	$S = 0.739L - 0.841$	0.969
100	$S = 1.119L - 1.508$	0.969
110	$S = 1.647L - 2.582$	0.937
120	$S = 2.230L - 3.565$	0.897

分析产生上述结果的原因,首先,当降雨雨滴打击裸露坡面时,表面土壤颗粒极易被溅散并被径流挟带,在雨强较大时,雨滴对土表的溅蚀能力更强,降雨过程中,侵蚀主要发生于坡面中上部[180],为侵蚀产沙提供主要的物质来源,相同雨强下坡长增加则坡面范围扩大,可供雨滴溅蚀和径流侵蚀的物质增多;其次,坡面侵蚀的泥沙通过径流挟带出出口断面,坡长的延长使得径流流路延长及径流汇集成股的机会增多,从而增大径流量,增强其对坡面土壤的冲刷作用,更有利于破坏土壤团聚体间的胶结作用,从而侵蚀更多的土粒。坡面流在由坡面上部向下部流动过程中,虽然随着降雨的进行,坡面下部径流深的增加有效地缓解了雨滴对土表的减蚀作用,但由于势能向动能转化,径流流速增大[181],径流的挟沙能力增强,坡长越长,坡面下部径流流速越大,用于起动和搬运泥沙颗粒的能量越大[182]。本研究将产沙量(S)与径流量(Q)的实测数据

进行回归拟合(见图 3-5),结果显示,二者呈良好的指数关系,方程的判定系数 R^2 除 50 mm/h 与 60 mm/h 雨强时分别为 0.647、0.864 外,70~120 mm/h 雨强下 R^2 均大于 0.96 以上,拟合方程系数随雨强的增大而增大,表明雨强越大,径流对裸坡坡面土壤颗粒的侵蚀能力越强。

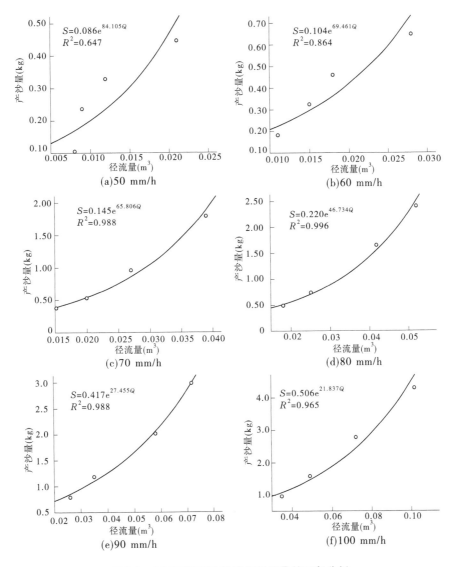

图 3-5   不同雨强下产沙量与径流量的回归分析

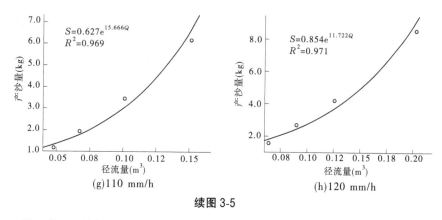

续图 3-5

另一方面,就侵蚀方式而言,坡长延长增大了细沟出现的可能性,因细沟内过水断面较小,增大了径流深,使径流作用力增强且流速快,故产生的泥沙量要远大于坡面片状水流所侵蚀及挟带的泥沙。然而有关安塞黄绵土产沙规律的研究结论与本试验有所差别[5],其研究表明,1~8 m 坡长范围内,在 50 mm/h 雨强时,坡长增加产沙量增多,而在 75 mm/h 及 100 mm/h 雨强时,坡长增加产沙量呈波状趋势,认为坡长增加时,坡下部在接受上方汇流的同时,还需消耗大量能量搬运上部径流所挟带的泥沙,当径流含沙量达到一定浓度时,径流所具有的能量不足以抵消挟带泥沙的能量,故产沙量较小,因其坡面宽度为 1 m 且坡度为 15°,而本试验坡面宽仅为 0.5 m 且坡度 20°,相应径流含沙量较小且汇流速度快,故并未出现波动趋势。

3.1.4 坡长等值增加时产沙增量的变化特征

为深入分析不同雨强下坡长增加相同长度时,产沙量增量的变化,将坡长由 2 m 增加到 3 m、3 m 增加到 4 m 和 4 m 增加到 5 m 时产沙量增量变化做图(见图 3-6),结果显示,不同雨强下坡长增加幅度同为 1 m 时,产沙量不呈等值增加趋势。50 mm/h 和 60 mm/h 雨强时坡长等值增加,产沙量增量差异不显著;然而,当雨强大于 60 mm/h 时,坡长每增加 1 m,产沙量增量基本上呈增大趋势,当雨强小于 100 mm/h 时,总体而言,坡长由 3 m 增加至 4 m 产沙量增量明显大于由 2 m 增加至 3 m,但由 4 m 增加至 5 m 时较由 3 m 增加至 4 m 不显著,如雨强 90 mm/h 时,坡长由 3 m 增加至 4 m 产沙量增量是由 2 m 增加至 3 m 的 2.15 倍,而由 4 m 增加至 5 m 产沙量增量是由 3 m 增加至 4 m 的 1.15 倍,雨强 100 mm/h 时,坡长由 3 m 增加至 4 m 产沙量增量是 2 m 增加至 3 m 的 1.92 倍,而由 4 m 增加至 5 m 产沙量增量是由 3 m 增加至 4 m 的 1.27

倍;雨强大于 100 mm/h 时,坡长由 4 m 增加至 5 m 产沙量增量显著大于由 2 m 增加至 3 m 和由 3 m 增加至 4 m。由此可见,当雨强大于 60 mm/h 时,坡长每延长 1 m,产沙量增量显著增加,应特别注意防治水土流失,而在设置 20° 坡面水土保持植物篱措施或种植经济林时,可以考虑以 4 m 为间隔进行。

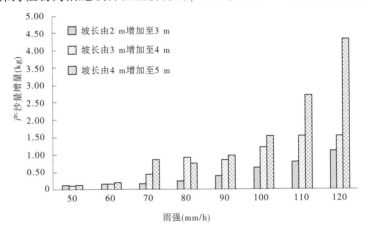

图 3-6　坡长等值增加时产沙量增量的变化

将产沙量增量与径流量增量(见图 3-7)对比发现,随着雨强的增大,坡长每延长 1 m,径流量增量与产沙量增量趋势大致相似,但是,坡长由 4 m 增加至 5 m 时径流量增量明显较由 3 m 增加至 4 m 时大,但雨强小于 60 mm/h 时,产沙量增幅并未相应大幅增加,如雨强 50 mm/h 时,由 3 m 增加至 4 m 产流量增量是由 2 m 增加至 3 m 的 3.00 倍,由 4 m 增加至 5 m 产流量增量是由 3 m 增加至 4 m 的 3.00 倍,而由 3 m 增加至 4 m 产沙量增量是由 2 m 增加至 3 m 的 70%,而由 4 m 增加至 5 m 产沙量增量是由 3 m 增加至 4 m 的 1.40 倍,说明雨强小于 60 mm/h 时,径流的挟沙能力是有限的。

分析产生上述结果的原因,对裸坡面而言,土壤表面没有植被覆盖,且无植物根系的截流固土作用,降雨与径流对坡面产沙起重要作用。相同降雨历时内,降雨通过击溅作用及雨量大小影响坡面产沙,坡长增加的长度虽然相等,但不同直径的雨滴分布是十分复杂且难以用一个参数描述的[183],导致其对坡面各处的溅蚀作用及对土粒的分散程度存在差异,从而引起产沙量增量的不相等。径流通过量的大小及能量变化影响产沙,根据 3.1.2 节的分析得出坡长等值增加时径流量增量并不相同,引起坡面土粒起动及输移程度的不同,并且径流能量在其沿程流动中处于动态变化的状态,当其能量大于自身流

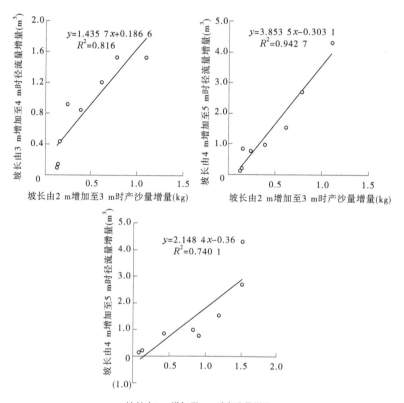

图 3-7　产沙量增量与径流量增量间关系

动和挟带泥沙消耗时,随坡长增加,径流还可继续侵蚀坡面土壤,然而,随着径流挟带泥沙量的增多,用于剥蚀土粒的能量减少,导致产沙量减少。随着上方来水的汇入,径流能量增大至继续起动和搬运泥沙,就是在这种径流能量强弱交替中引起产沙量增量的差异。另外,图 3-6 显示坡长由 4 m 增加至 5 m 时,产沙量增量最易达到峰值,由 3 m 增加至 4 m 时产沙量增量明显较由 2 m 增加至 3 m 时大。因此,为防止土壤流失,在陡坡坡面应至少每隔 4 m 种植侧柏、油松、山杏等当地常见植物,以利于枝叶缓解雨滴对土表的直接打击并截留降雨,且植物根系的涵水固土作用可减少坡面土壤流失。除植物措施外,还可修建水平沟等工程措施,以降低坡度及流速,减少径流对土壤颗粒的侵蚀和挟带。

3.2 雨强对坡面径流侵蚀产沙的影响

3.2.1 不同雨强下坡面产流过程分析

　　将不同坡长、不同雨强下径流量随降雨历时的变化过程绘制于图 3-8,结果显示,2~5 m 坡长、50~120 mm/h 雨强范围内,开始产流后,径流量随降雨历时的延长整体呈增加趋势,产流初期增速较快,随后增速减缓并逐渐趋于稳定。产流初期各雨强下的径流量均较少,但在短时间内即可显著增加,50~80 mm/h 雨强时各坡长径流量增加速率在 8 min 左右开始减缓;90~120 mm/h 雨强时 2 m 坡长下径流量增速在产流后 12 min 左右开始减缓,而 3~5 m 坡长径流量增速在 6 min 左右开始减缓。可见,除 2 m 坡长外,雨强越大,径流达到稳定的时间越短。分析产生上述现象的原因,坡面产流可分为两个阶段:第一阶段为径流快速增长期,第二阶段为径流稳定期。第一阶段主要受土壤含水量的影响,产流初期坡面表层土壤的含水量较低、入渗速率大,降落至坡面的雨量大部分用于下渗,因而起始产流量小。随着降雨时间的延续,因黄土竖直方向的渗透速率远大于水平方向的速率[184],表层土壤含水量逐渐增加,表土由相对松散的土粒状态变为稀泥状态,雨滴击溅使泥浆跃移并阻塞表土孔隙导致入渗量减小[185],因此表层土壤在短时间内即可达到饱和并形成超渗产流,引起坡面径流的快速增多。降雨一段时间后,入渗与坡面产流逐渐趋于稳定,降雨的持续使坡面径流增多并向出口汇集,径流进入稳定增加期。90~120 mm/h 雨强相比 50~80 mm/h 雨强而言,雨滴动能大、击溅作用强,表层松散土粒被击散并压实的速率大,坡面水流下渗降低的速率随之增大[186-187],因此径流达到稳定的时间随雨强增大而缩短。

　　此外,雨强增大,稳定阶段径流量范围也增大,雨强由 50 mm/h 增加至 120 mm/h 时,2 m 坡长下稳定阶段径流量范围由 0.000 5~0.000 7 m³ 增加至 0.004 3~0.004 9 m³;3 m 坡长下稳定阶段径流量范围由 0.000 4~0.000 8 m³ 增加至 0.006 0~0.006 3 m³;4 m 坡长下稳定阶段径流量范围由 0.000 7~0.001 0 m³ 增加至 0.007 9~0.009 2 m³;5 m 坡长下稳定阶段径流量范围由 0.001 0~0.001 8 m³ 增加至 0.012 9~0.014 3 m³,对比可知,50 mm/h 雨强时,稳定阶段径流量范围随坡长延长增幅较小,而 120 mm/h 雨强时,稳定阶段径流量范围随坡长延长增幅较大,由此说明,坡长越长,雨强对径流量增加的影响作用越显著。相同坡长下,各时段径流量始终表现为 120 mm/h>110

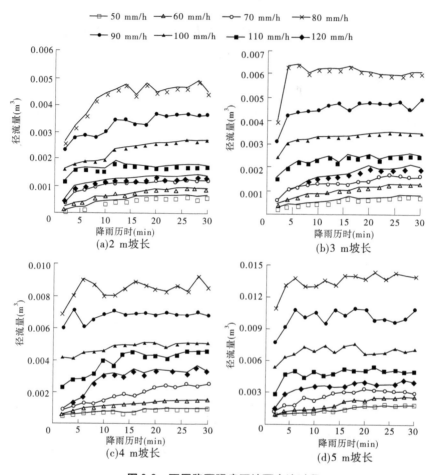

图 3-8 不同降雨强度下坡面产流过程

mm/h>100 mm/h>90 mm/h>80 mm/h>70 mm/h>60 mm/h>50 mm/h,且雨强越大增量越大,波动越明显。分析其原因,降雨历时一定,降雨量总是随着降雨强度的增大而增多,而在下垫面及土壤前期含水量近似保持一致的条件下,降雨量越多转化为坡面径流的产流量越大,而且降雨强度较大时容易产生超渗产流,除本坡段产生的径流外,还有上部坡段汇入的径流,因此降雨强度大时坡面产流量多且增幅大,且降雨强度对产流量增量的影响随坡长的延长而增大。

3.2.2　径流量随雨强的变化

雨强作为影响径流量的主要因素之一,目前研究普遍认为,径流量随雨强的增大而增大[188],将不同坡长下径流量随雨强的变化绘制于图 3-9,结果显示,各坡长下径流量随雨强增大均呈增大趋势,且坡长越长,其增速越快、增量越大。雨强由 50 mm/h 增加至 120 mm/h,2~5 m 坡长下径流量的增加范围分别为 0.008~0.064 m³、0.009~0.090 m³、0.012~0.126 m³、0.021~0.202 m³,相应增幅分别为 0.056 m³、0.081 m³、0.114 m³、0.181 m³,5 m 坡长下径流量增幅分别为 2~4 m 坡长的 3.23 倍、2.23 倍、1.59 倍,可见雨强增大引起径流量明显增加,并且二者关系受坡长影响,坡长越长增幅越大。进一步将径流量与雨强进行回归分析(表 3-3)显示,二者关系可用指数方程表示,方程的判定系数均在 0.988 以上,且方程系数随着坡长的增加而增大,说明坡长越长,径流量随雨强增大的增速越快。径流量随雨强的增大而增加是目前较为统一的研究结论[48,50,189]。

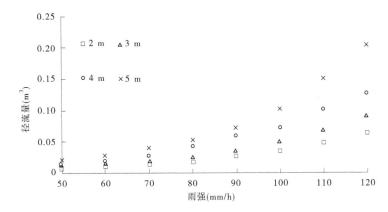

图 3-9　不同坡长下坡面径流量随雨强的变化趋势

表 3-3　不同坡长下径流量与雨强的关系

坡长(m)	回归方程	判定系数 R^2
2	$Q = 0.001\,8e^{0.030I}$	0.998
3	$Q = 0.002\,0e^{0.032I}$	0.996
4	$Q = 0.002\,6e^{0.033I}$	0.988
5	$Q = 0.004\,0e^{0.033I}$	0.999

分析产生本试验结果的原因,一方面是土壤入渗能力的变化。由于试验坡面为裸坡,直接受雨滴的击溅作用,随着雨强的增大,雨滴打击土表并使土壤变

密实的速率增大,下渗率降低的速率随之增大[63,190-191],土壤团聚体被击散并跃移阻塞渗流通道,表土下渗能力减弱,加快了产流速度,相同降雨时间内,降雨量随雨强增大而增多,引起坡面产流量增多;另一方面,裸坡面无植被枝叶对雨滴的截留作用,大雨强下雨滴直径和动能均较小雨强时大,对坡面的击溅能力增强,除对细小土壤颗粒的溅蚀外,还可引起粗土粒及土粒团聚体与坡面分离,在坡面形成凹槽[192],随着雨滴击溅作用的持续及径流的冲刷,凹槽面积扩大并可演变为浅沟或细沟,导致径流量快速增加,当坡长增加时,降雨覆盖面积增大,凹槽出现的概率随之增大,故坡长越长,雨强对径流量的作用越明显。

为深入探究雨强增大对径流量的影响,将雨强连续增加时径流量增量绘制柱状图(见图3-10),结果显示,2 m、3 m及5 m坡长下,雨强小于80 mm/h时,径流量增量较小且差异并不显著,尤其是2 m及3 m坡长下增量接近一致,而当雨强大于80 mm/h后,随雨强增大,径流量增量显著增加,且坡长越长增量越明显,各雨强段对应的5 m坡长径流量增量分别是2 m坡长的2.5倍、3.3倍、3.8倍、3.2倍。4 m坡长下径流量增量在70 mm/h雨强处发生转折,但80 mm/h雨强处径流量增量与70 mm/h雨强处的增量接近一致。试验过程中观察不同坡长、不同降雨强度下坡面细沟侵蚀情况发现,雨强小于80 mm/h时,2 m、3 m坡长没有明显细沟出现,4 m坡长出现宽约0.05 m、深约0.02 m的细沟[见图3-11(a)、(b)],5 m坡长则出现两处细沟,第一条位于坡面中部,长、宽、深分别约为0.37 m、0.06 m、0.04 m,第二条位于坡面下部,长、宽、深分别约为0.48 m、0.05 m、0.03 m[见图3-11(c)、(d)],因此,雨强

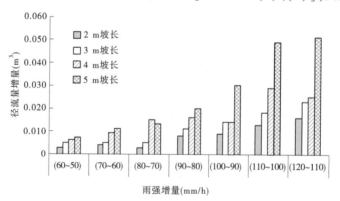

注:(60~50) mm/h 表示雨强由 50 mm/h 增加至 60 mm/h;
(70~60) mm/h 表示雨强由 60 mm/h 增加至 70 mm/h;以此类推。

图 3-10　雨强连续增加时径流量增量的变化

(a)80 mm/h时2 m及3 m坡长细沟发育　　(b)80 mm/h时4 m及5 m坡长细沟发育

(c)90 mm/h时2 m及3 m坡长细沟发育　　(d)90 mm/h时4 m及5 m坡长细沟发育

图 3-11　80 mm/h 及 90 mm/h 雨强时坡面侵蚀情况

由 80 mm/h 增加至 90 mm/h 时,各坡长径流量增量显著增加,增速在此处发生转折。雨强 100~120 mm/h 范围内,各坡长侵蚀更加剧烈,尤其是 5 m 坡长在 120 mm/h 雨强下所形成的细沟长度约达 1.96 m,宽、深分别达 0.07 m、0.05 m 左右,进一步说明,雨强越大,径流量越大,冲刷力越强。

3.2.3　不同雨强下坡面产沙过程

不同坡长、雨强下产沙量随降雨历时的变化过程显示(见图3-12),2~5 m坡长、50~120 mm/h雨强范围内,坡长越长、雨强越大,产沙量越大。产流开始后的前2 min,产沙量均较小,随着降雨的持续进行,产沙量逐渐增多,之后产沙增速减缓甚至逐渐趋于稳定或波动变化。总体而言,坡面产沙量随降雨历时的延长呈现出2种变化趋势,50~80 mm/h雨强下,坡面径流侵蚀产沙量随降雨历时的延长而增大,90~120 mm/h雨强下,径流侵蚀产沙量呈波动趋势,坡长越长、雨强越大,波动越明显。

50 mm/h及60 mm/h雨强时所有坡长下的产沙量随降雨时间的延长呈缓慢增加趋势,产沙增速在6~8 min左右开始减缓并几乎趋于稳定;70 mm/h及80 mm/h雨强时产沙量曲线基本为先快速增加后趋于稳定,产沙增速在10~14 min左右开始减慢;90~110 mm/h雨强时产沙量曲线有所差异,2 m及3 m坡长时为轻微波动,4 m及5 m坡长时为剧烈波动,尤其是5 m坡长下产沙曲线的波动频率及范围均较大;120 mm/h雨强时所有坡长的产沙量曲线均为剧烈波动,且坡长越长波动越明显。相同降雨时间内,不同坡长及雨强下时段产沙量的变化范围也有所不同,雨强由50 mm/h增加至120 mm/h时,2 m坡长下各时段产沙量范围由0.003 1~0.011 1 kg增加至0.090 7~0.116 0 kg;3 m坡长下各时段产沙量范围由0.003 8~0.019 6 kg增加至0.146 4~0.209 4 kg;4 m坡长下各时段产沙量范围由0.007 5~0.032 9 kg增加至0.251 8~0.324 0 kg;5 m坡长下各时段产沙量范围由0.013 4~0.039 3 kg增加至0.465 3~0.665 7 kg,对比发现,50 mm/h雨强时,2~5 m坡长下时段产沙量变化范围小,增量也较小,分别为0.008 0 kg、0.015 8 kg、0.025 4 kg、0.025 9 kg,而120 mm/h雨强时,2~5 m坡长下时段产沙量变化范围大,增量也较大,分别可达0.025 3 kg、0.063 0 kg、0.072 2 kg、0.200 4 kg,其增量是50 mm/h雨强时的3.2倍、4.0倍、2.8倍、7.7倍,图3-12中不同雨强下各时段产沙量大小顺序均为120 mm/h>110 mm/h>100 mm/h>90 mm/h>80 mm/h>70 mm/h>60 mm/h>50 mm/h,也可说明产沙量随雨强增大而增多;此外,从以上数据还可发现,同一雨强时,随着坡长的增加,时段产沙量变化范围的界限值也在不断提升,且雨强越大提升幅度越大,因此从时段产沙量随坡长、雨强增大的变化趋势可以得出,产沙量受雨强及坡长的双重影响,且坡长越长,雨强作用越明显。

分析其原因,坡面产沙受降雨与径流的共同作用,各雨强下径流产生初期

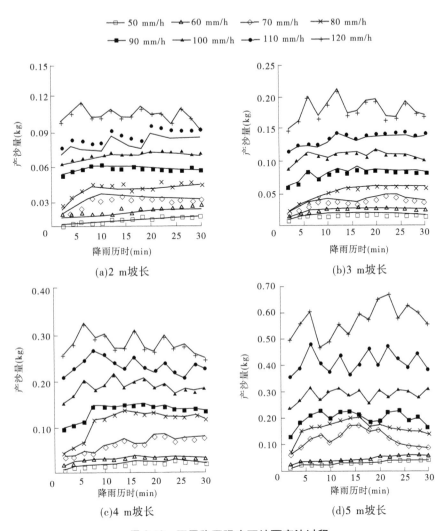

图 3-12　不同降雨强度下坡面产沙过程

浅而薄,雨滴对裸坡土表的击溅力度较高,侵蚀形式以溅蚀为主,导致坡面分散土粒多,但受制于产流少且流速慢,径流输移率低且侵蚀力度小,只能将少部分泥沙输移至出口,随着径流在短时间内快速增加,输移率大幅度提高且对坡面土粒的剥蚀作用加强,故各雨强时的产沙均表现为初始小后又随即增加。降雨一段时间后,表层土壤的下渗率逐渐减弱并至稳定,随着径流的增加,雨滴降落于坡面可增强径流紊动性,但对坡面土粒的击散程度有所减弱[194],此时,径流对泥沙输移的影响开始提升,试验过程中观察不同雨强下坡面细沟发育情况发现,50~80 mm/h 雨强范围内,2~5 m 坡长均无细沟出现,50 mm/h 及 60 mm/h 雨强时坡面各时段径流量增幅较小且增速缓慢(由 3.2.1 节分析可知),因而侵蚀及运移泥沙的速率较为缓慢,引起各坡长下时段产沙量呈缓慢增加并趋于稳定的趋势,70 mm/h 及 80 mm/h 雨强时,随雨强增大径流量增幅有所提升,且 80 mm/h 雨强时 2~5 m 坡长有不同程度的凹槽及细沟雏形出现,对坡面的侵蚀增强,因而时段产沙量先快速增加后趋于稳定;而 90~120 mm/h 雨强范围内,坡面开始出现细沟,随着雨强的增大,坡面侵蚀更加剧烈,尤其是 5 m 坡长下细沟随雨强增大而发展,如图 3-13 所示,从左至右分别是雨强由 90 mm/h 增加至 120 mm/h 时 5 m 坡长下的细沟侵蚀情况。细沟的出现使产沙量变化范围增大,同时引起时段产沙量随降雨历时的波动变化,主要因为细沟发育可以分为两个阶段:第一阶段为沟头溯源与下切侵蚀,此时是细沟发育初期,沟头形成并发展引起沟壁崩塌,使局部土壤抗蚀性减弱[194],沟内松散土粒在坡面径流的冲刷作用下被挟带至出口,引起产沙量的增加,随着细沟形态的逐渐形成,细沟发育进入第二阶段,即稳定阶段,此时径流形成固定流路,沟内边壁的破碎程度也有所降低,径流引起的土壤侵蚀与输移过程达到一种动态平衡状态,因此产沙量有所下降[195],但随着降雨的持续,沟内径流向下汇集的过程中,会有部分径流在沟内形成横向流,改变细沟侵蚀方向,形成横向扩增[194,196],又因坡面侵蚀的随机性,某些相近细沟会在不断侵蚀下逐渐连接,出现合并或连通现象,再一次引起产沙量的增加,这种细沟的发育—稳定—再发育的循环过程可引起产沙量的波动变化。此外,坡面径流从坡上部向下部流动的过程是重力势能转化为动能的过程,当坡面动能增加到大于径流运动及侵蚀输沙时,侵蚀能力较强,但当转化的动能不能满足各部分能量消耗时,就会发生沉积现象[31],随着径流的汇集及势能的转化,径流能量增加又将增大侵蚀力度,这种径流能量的动态变化同样可导致产沙量的波动变化。

3.2.4 产沙量随雨强的变化

坡长 2~5 m 时,产沙量均表现出随雨强增大而增加的变化趋势(见图 3-14),雨强小于 60 mm/h 时增量较小,雨强大于 60 mm/h 时增量显著。雨强由 50 mm/h 增加至 120 mm/h,坡长 2 m、3 m、4 m 和 5 m 对应产沙量增量分别为 1.471 kg、2.444 kg、3.868 kg 和 8.060 kg,雨强由 50 mm/h 增加至 60 mm/h 时,各坡长产沙量增量分别为 0.076 kg、0.088 kg、0.131 kg 和 0.204 kg,占总增幅的 2.5%~5.2%,60~70 mm/h 时雨强范围内的产沙量增量占总

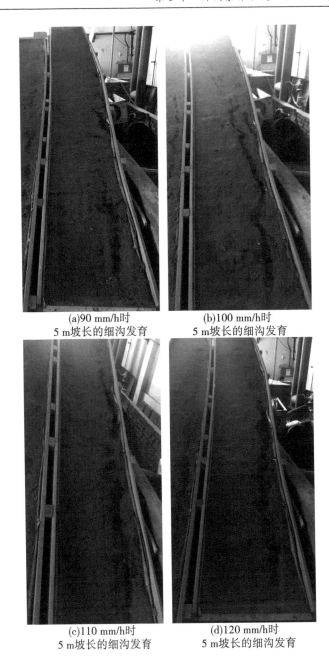

(a)90 mm/h时
5 m坡长的细沟发育　　　　(b)100 mm/h时
5 m坡长的细沟发育

(c)110 mm/h时
5 m坡长的细沟发育　　　　(d)120 mm/h时
5 m坡长的细沟发育

图 3-13　90~120 mm/h 雨强时 5 m 坡长的细沟发育情况

增量的 8.4%~14.1%,而在 110~120 mm/h 雨强范围内的产沙量增量可达总增量的 18.9%~29.8%,显著高于其他雨强范围内的产沙量增量,可见产沙量增量同样随雨强增大而增大。分析其原因,雨强通过改变雨滴溅蚀作用来影响侵蚀,诸多研究表明无雨滴击溅时坡面侵蚀量明显减少[40-41],雨强增大则大直径雨滴所占比例提高,相同降雨高度下大直径雨滴降落至坡面转化而成的动能较小雨强时大,坡面分散土粒的形成是雨滴对坡面做功的过程,因此动能大者产生的溅蚀作用强,能使更多单个土粒离开土体发生迁移,尤其是在产流初始阶段,坡面径流量小,对降落雨滴的缓冲作用小,这种现象更为明显。其次,在相同坡度、相同下垫面条件的坡面上,雨强大则单位时间产生的径流量大,挟沙能力强,单位时间内能将更多的泥沙运移出坡面出口断面,此外,雨强对径流的影响除了量的多少,还有对径流流态的扰动作用,雨强越大,对径流的扰动程度越高,水层之间的剧烈活动引起能量转换,并能增加与坡面接触处的侵蚀强度,引起坡面产沙量增多。再次,雨强增大至高于土壤下渗率时易引起超渗产流,使表层土壤很快达到饱和状态,而坡面径流对土层也存在一定的压力,土壤在这种上下水压力的作用下部分土块变为稀泥状态,土粒间的黏结作用大幅度降低,易被卷入径流之中,且一旦出现小凹槽,雨滴打击及径流冲刷作用能加剧凹槽的扩展,很快形成沟状侵蚀,引起产沙量的大幅度提升,雨强 90~120 mm/h 时,4 m 及 5 m 坡长上均有细沟形成且沟长较长,而 3 m 坡长细沟长度较短,2 m 坡长上仅有部分小的细沟出现,因此 4 m 及 5 m 坡长上产沙量显著增加。

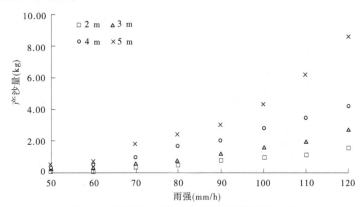

图 3-14　不同坡长下坡面产沙量随雨强的变化

如图 3-14 所示,雨强小于 60 mm/h 时,2~5 m 坡长的产沙量较小且较为接近,雨强大于 60 mm/h 后,各坡长产沙量显著增加,尤其是 4 m 及 5 m 坡长的产沙量曲线发生明显转折,雨强由 60 mm/h 增加至 70 mm/h 时,2~5 m 坡长的产沙量增量分别为 0.190 kg、0.206 kg、0.496 kg、1.139 kg,各增量是雨强由 50 mm/h 增加至 60 mm/h 时产沙增量的 2.50 倍、2.34 倍、3.79 倍、5.61倍,随着雨强的继续增大,产沙量增量也继续增加。由此,可初步得出 60 mm/h 雨强是该区产沙量大幅增加的下限雨强,为防止土体流失严重引发局部滑坡、泥石流等现象,应将该雨强作为土壤流失加剧发展的重点监测雨强。另外,从图 3-14 中还可发现,坡长越长,产沙量增速越快,增量越大,雨强作用也更加明显,二者的关系可用指数函数表达(见表 3-4),各坡长下方程判定系数均在 0.95 以上,且方程系数随着坡长的增加而增大,进一步证明坡长越长,产沙量随雨强增大的增速越快,如雨强由 50 mm/h 增至 120 mm/h,2~5 m 坡长的产沙量分别增加了 1.471 kg、2.444 kg、3.869 kg、8.059 kg,5 m 坡长是 2~4 m 坡长的 5.48 倍、3.30 倍、2.08 倍。

表 3-4　不同坡长下产沙量与雨强的关系

坡长(m)	回归方程	判定系数 R^2
2	$S = 0.021e^{0.038I}$	0.955
3	$S = 0.042e^{0.035I}$	0.990
4	$S = 0.061e^{0.037I}$	0.953
5	$S = 0.069e^{0.041I}$	0.958

3.3　坡长、雨强对坡面径流侵蚀产沙过程的交互影响

坡面产流及产沙是降雨与下垫面相互作用的结果。降雨是引发土壤侵蚀的首要条件,研究表明,大雨强时坡面产流速度快、入渗率低,径流量及泥沙量随雨强增大而增加[197-200],下垫面因素尤其是坡长因子则通过影响降雨产流及径流分布而使侵蚀程度存在差异,江忠善等[4]、蒋定生等[201]及王占礼等[33]指出,I_{30} < 0.25 mm/min 时,侵蚀量与坡长呈负相关,I_{30} > 0.25 mm/min 时,侵蚀量与坡长呈正相关,可见,雨强大小及坡面长短的不同组合会导致不同的侵蚀结果。因此,分析坡长与雨强对径流侵蚀产沙的综合作用是十分必要的。3.1 节与 3.2 节分别做了坡长、雨强对产流量、产沙量的影响分析,结果表明,固定雨强,将坡长作为变量时,径流量及产沙量随坡长的增加而增加。固定坡长,将雨强作为变量时,同样得出径流量及产沙量随雨强的增大而增多,且坡

长与雨强对径流侵蚀产沙具有相互影响的作用。

3.3.1　坡长、雨强对产流量的交互影响

径流量与坡长、雨强的简单相关分析表明,径流量与坡长、雨强在0.01水平上呈极显著正相关,相关系数分别为0.464、0.773,表明坡长与雨强共同作用时,径流量与雨强的相关性较坡长大,这种现象的产生是由于降雨是坡面产流的首要因素,雨强的大小影响降雨量的多少,在下垫面条件一致时,降雨量多则坡面径流量多,而坡长作为地形因子之一,本身并不能引起坡面产流,其主要是在坡面承雨量、坡面径流分配及汇集等方面对出口处的径流产生影响,故径流量与雨强的相关性较坡长的大,这也表明了在王家沟流域水土流失的形成与短历时暴雨有密切关系。王占礼等[202]对安塞黄绵土裸坡坡面的研究表明,雨强、坡长及坡度均影响坡面产流,且雨强对径流的影响远大于坡长及坡度因子。李桂芳等[198]在分析黑土坡面径流量的影响因素时也得出,径流量与雨强的关系最密切,其次是雨强—坡长、雨强—坡度的交互作用。

由于径流量受雨强与坡长的共同作用,利用一般的相关分析进行径流量与坡长或雨强某一变量间的分析时会包含另一变量的作用,对结果造成一定影响,而利用偏相关分析,则可有效剔除干扰因子。因此,本书对径流量与坡长、雨强的关系分别进行偏相关分析。在剔除"雨强"变量影响后,径流量与坡长的偏相关系数为0.731,在剔除"坡长"变量影响后,径流量与雨强的偏相关系数为0.872。可见,在单独分析某变量与径流量关系时,相关系数均有所提高,说明坡长与雨强相互作用于产流时,在一定程度上对对方有所制约。付兴涛等[36,203]对黄土区与红壤区两种不同性质土壤坡面径流量与坡长、雨强的相关分析均得出,径流量与雨强的相关性较坡长大,且径流量与二者的偏相关系数大于简单相关系数。

为研究径流量与坡长、雨强间的函数关系,将降雨过程中实测数据进行回归分析,得出线性拟合回归模型:

$$Q = 0.018L + 0.001I - 0.14 \qquad R^2 = 0.812$$

式中:Q为径流量,m^3;L为坡长,m;I为降雨强度,mm/h。

模型方差分析表明,方程统计量$F = 62.785$,相伴概率值$p < 0.001$,说明坡面径流量与坡长、雨强之间存在线性回归关系,且判定系数为0.812,说明方程拟合较好。

3.3.2　坡长、雨强对产沙量的交互影响

采用相同的方法对产沙量与坡长、雨强进行简单相关分析与偏相关分析。

简单相关分析表明产沙量与坡长、雨强在 0.01 水平上呈极显著正相关,相关系数分别为 0.539、0.687,表明坡长与雨强共同作用时,雨强与产沙量的相关性较坡长的大。在剔除"雨强"变量影响后,产沙量与坡长的偏相关系数为 0.742,剔除"坡长"变量影响后,产沙量与雨强的偏相关系数为 0.816。可见,在单独分析某一变量与产沙量关系时,相关性系数均较二者共同作用于产沙量时有所提高,说明坡长与雨强对产沙量均有显著影响,但当二者同时作用于产沙量时,在一定程度上有制约作用。将产沙量与坡长、雨强的偏相关系数同径流量与坡长、雨强的偏相关系数(0.731、0.872)对比发现,坡长与产沙量的关系较与径流量大,雨强则与径流量的关系较与产沙量大,可能由于雨强的增大增强了雨滴对土表的击溅能力,为径流侵蚀提供更多的泥沙来源,并且通过增强径流紊动性,从而增大径流对坡面泥沙的启动和输移能力。而坡长主要通过增加受侵蚀面积及径流量汇集来影响产沙量,坡长越长,虽能提供更多的侵蚀物质,但泥沙的输出主要依靠径流完成,且径流量与雨强的相关性较坡长大,因而产沙量与雨强的相关性较坡长大。李桂芳[204]对黑土坡面产沙量影响因素的研究同样得出,坡面产沙量与坡长的关系最为密切,其次是雨强—坡长的交互作用,其认为坡长与雨强主要通过增加径流量及径流流速来增强径流的侵蚀能力,从而引起产沙量的增多。

为研究产沙量与坡长、雨强间的函数关系,将降雨试验获得的实测数据进行回归分析,得出线性拟合回归模型:

$$S = 0.892L + 0.055I - 6.018 \qquad R^2 = 0.763$$

式中:S 为产沙量,kg;L 为坡长,m;I 为降雨强度,mm/h。

模型方差分析表明,方程统计量 $F = 46.691$,相伴概率值 $p < 0.001$,说明坡面产沙量与坡长、雨强之间存在线性回归关系,且判定系数为 0.763,说明方程拟合较好。

3.4　小　　结

本章采用室内人工模拟降雨试验,研究了坡长、雨强对坡面径流侵蚀产沙的影响,分析了径流量与产沙量随坡长、雨强的变化趋势,产流产沙随降雨历时的变化过程,探讨了坡长延长相同长度时,产流产沙量增量的变化规律,最后对坡长、雨强对产流产沙量的影响进行了简单相关分析、偏相关分析与回归分析,主要得出以下结论:

(1)50~120 mm/h 雨强范围内,坡面产流产沙量均随坡长增加呈增大趋势,且雨强越大,增速越快,增幅越明显,坡长与径流量、产沙量的关系均可用线性方程描述($R^2>0.84$);坡长以 1 m 为幅度等值增加时,径流量、产沙量增量并非等值增加,其变化不具显著规律,在坡长由 4 m 增加至 5 m 时增量最易达到最大值。因此,建议在晋西黄绵土坡面至少应每隔 4 m 布设水土保持措施以截短坡长,增加雨量就地入渗,减少坡面水土流失。

(2)2~5 m 坡长范围内,径流量随降雨历时的延长整体呈增加趋势,初期增速较快后增速减缓并趋于稳定,除 2 m 坡长外,雨强越大,径流达到稳定的时间越短,在6~8 min;产沙量随降雨历时的延长呈现出 2 种变化趋势,50~80 mm/h 雨强时产沙量多为增加趋势,90~120 mm/h 雨强时产沙量多为波动趋势,雨强越大、坡长越长,产沙量波动越剧烈。

(3)累积径流量与累积产沙量随雨强增大均呈指数增加趋势,坡长越长,增速越快、增量越大。雨强小于 60 mm/h 时,2~5 m 坡长的产沙量较小且较为接近,雨强大于 60 mm/h,各坡长产沙量显著增加,尤其是 4 m 及 5 m 坡长的产沙量曲线发生明显转折,由此初步建议将 60 mm/h 雨强作为该区土壤流失加剧发展的下限监测雨强。

(4)径流量、产沙量与雨强的相关性较坡长大,进一步验证了晋西水土流失的形成与短历时大暴雨有密切关系;分别做雨强、坡长与径流量、产沙量的偏相关分析,其相关性较二者共同作用于径流量、产沙量时提高,表明坡长与雨强共同作用于产流产沙时,在一定程度上对对方有所制约;同时可知,坡长对产沙量的影响大,而雨强对径流量的影响大;建立了 2~5 m 坡长、50~120 mm/h 雨强范围内适用于晋西黄绵土坡面的产流及产沙模型,方程拟合度较好(R^2 分别为 0.812、0.763)。

第 4 章　入渗对坡面径流侵蚀产沙的影响

　　坡面径流的形成是一个复杂的物理过程,是降雨过程和下垫面条件共同作用下发生的降雨水分转化过程,主要包括坡面径流和入渗两方面。降雨入渗量直接关系到坡面产流过程和径流量的大小,对坡面侵蚀产沙量有重要的影响。本章采用室内人工模拟降雨试验方法,通过实测降雨前后坡面不同部位 15 cm 深处土壤含水率变化和降雨后各土层纵剖面含水率变化,定量分析降雨入渗过程,以及雨强、土壤前期含水率对坡面起始产流时间的影响,揭示坡面不同截面部位及不同深度体积含水率的变化规律,最终探讨土壤入渗率、体积含水率与产沙率的关系。

4.1　坡面起始产流时间分析

4.1.1　降雨强度对坡面起始产流时间的影响

　　起始产流时间表示坡面从降雨开始时刻到坡面径流形成时刻的一段时间,其与坡面下垫面状况、下渗率、降雨强度、土壤前期含水率等密切相关,起始产流时间越长,说明坡面下渗量越大。坡度不变时,坡面起始产流时间随降雨强度的增大表现出明显缩短的趋势(见图 4-1),二者的关系可用指数函数很好地描述($R^2 = 0.982$),与张赫斯等[205]、王林华[206]的研究结果一致。雨强小于 60 mm/h 时,起始产流时间随雨强增大而缩短的速率快,雨强大于 60 mm/h 后,时间缩短的速率逐渐变缓。分析其原因,坡面土壤前期含水率和坡面下垫面情况相近条件下,雨强小于 60 mm/h 时,降雨到达地面后首先入渗,使得表层土壤含水率增加,当雨强超过土壤入渗率时开始产流,可能属于蓄满产流的范畴,而随着雨强的增大,特别是当雨强大于 60 mm/h 时,单位时间和面积坡面承雨量增大,来不及入渗就开始产流,可能属于超渗产流的范畴;另一方面,当降雨强度增大时,雨滴对裸坡面的击溅作用增强,击溅产生的土壤颗粒会阻塞土壤孔隙,导致入渗率减小,起始产流时刻提前,产流时间缩短。

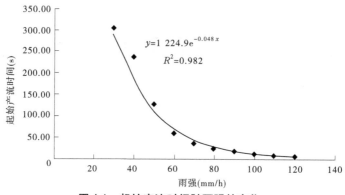

$$y=1\ 224.9e^{-0.048x}$$
$$R^2=0.982$$

纵轴：起始产流时间(s)
横轴：雨强(mm/h)

图 4-1　起始产流时间随雨强的变化

4.1.2　土壤前期含水率对起始产流时间的影响

　　土壤前期含水率的高低会改变坡面表层土壤的水分梯度,导致土壤颗粒间结合力和团聚体结构不同,对坡面径流起始产流时间有较大影响。研究结果显示(见图 4-2),土壤前期含水率越小,起始产流时间越长,司登宇等[207]、张光辉等[208]对不同试验区域土壤前期含水率与起始产流时间关系的研究得出相似的结论。二者的关系可用线性函数很好地描述,方程拟合优度 0.87。土壤前期含水率小于 12%时,起始产流时间随着含水率的增大而减小的幅度较大,当含水率大于 12%时,起始产流时间随含水率增大而减小的幅度变小,如土壤前期含水率从 1.19%增大到 11.49%,起始产流时间从 303 s 减小到 57 s,减幅达 246 s,而前期含水率间于 12.16%～16.69%时,起始产流时间在 5～25 s 波动,较土壤前期含水率小于 12%时变幅小。这主要与土壤的入渗能力有关,进一步分析土壤入渗率与坡面起始产流时间的关系发现(见图 4-3),入渗率与起始产流时间呈正相关关系,用幂函数可以很好地描述二者的关系($R^2=0.92$)。

　　分析原因,第一,土壤入渗性能主要受土壤表面结构传导水分能力的影响,土壤前期含水率增大导致坡面表层土壤水分传导速率减缓,降雨持续进行时,表层土壤含水率很快达到饱和,因而坡面起始产流时间缩短,容易形成径流。第二,起始产流时间随入渗率的增大而延长的原因可能在于,下渗速率越大,说明用于下渗降雨的时长越长、下渗量越多,坡面起始产流时间越长;反之,下渗率低,说明降雨下渗量少,降雨量会迅速转化为径流从坡面流走,起始产流时间短。第三,入渗率与土壤前期含水率、降雨强度关系密切,当降雨强

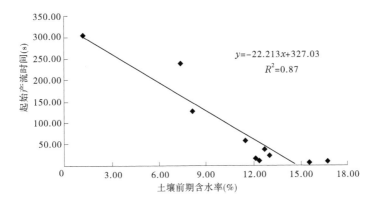

图 4-2　土壤前期含水率与起始产流时间的关系

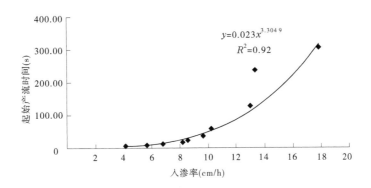

图 4-3　起始产流时间随土壤入渗率的变化

度较大时,单位时间内坡面承雨量增加,且雨滴直径增大,动能增强,对坡面土粒的溅散作用增强,使得土壤颗粒结构破坏,堵塞土壤表面孔隙并且形成结皮,导致土壤入渗率低,起始产流时间提前;相同降雨强度下,若土壤前期含水率大,则土壤入渗率低,入渗量小,则起始产流时间提前。因此,延长坡面起始产流时间,增大降雨入渗,很大程度地能减小径流量的产生,减缓径流对坡面的冲刷。当降雨历时小于起始产流时间时,坡面上没有径流产生,此时降雨全部用于入渗,坡面无径流的冲刷侵蚀和土壤颗粒搬运过程,侵蚀产沙量为零,为了有效预防和减少降雨条件下坡面土壤侵蚀危害,可通过提高地表覆盖植被度等措施,延长起始产流时刻,增加降雨就地入渗。

4.2 土壤体积含水率对侵蚀产沙的影响

4.2.1 不同坡长同一横截面土壤体积含水率的变化规律

土壤入渗的快慢主要受土壤渗透性能的影响,降雨开始后,坡面上降落的雨水即开始沿着土壤孔隙下渗,随着降雨的进行,土壤含水率逐步增大,此时土壤实际入渗率由于土壤含水率的增大开始下降,产流率增加。坡面产流一段时间后趋于稳定,入渗率也基本稳定。降雨结束后,径流最先消退,而由于入渗具有滞后性,进行一段时间后停止。

将各坡长靠近坡面径流出口处1 m位置同一剖面的水分传感器数据绘制成图(见图4-4),结果显示,2~5 m坡长范围内,坡面同一位置土壤入渗率基

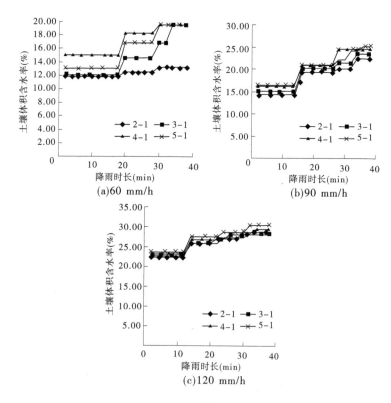

(a)60 mm/h

(b)90 mm/h

(c)120 mm/h

(注:2-1、3-1、4-1、5-1分别表示2 m、3 m、4 m、5 m坡长)

图4-4 土壤体积含水率随降雨时长的变化

本表现为随坡长的增加而增大,雨强越小,增加越明显;随着降雨时间的延长,相同降雨强度下,各坡长同一位置土壤体积含水率表现在同一时刻阶梯状增大的现象,雨强越大,阶梯状增大的时间越短,入渗增量越小。60 mm/h 雨强,降雨刚开始时,坡面表层土壤含水率随着入渗迅速增大,18 min 左右时各坡长坡面 15 cm 深处水分传感器数值开始增大,2 m、3 m、4 m、5 m 坡长土壤含水率由初始值 11.8%、12.0%、15.0%、13.0% 增大到 12.5%、14.6%、18.2%、16.8%,分别增加了 0.7%、2.6%、3.2%、3.8%,说明坡长不同时,坡面同一位置土壤的入渗率不同,且基本随坡长的增加而增大,且从降雨过程开始直到降雨结束,土壤始终处于不稳定下渗阶段,水分传感器在 18 min 出现上升变化,然后趋于稳定,在 30 min 又出现上升的变化,3 m 坡长在 34 min 时仍在变化,之后趋于稳定;雨强增大到 90 mm/h 时,2 m、3 m、4 m、5 m 坡长土壤含水率分别增加了 7.1%、8.5%、8.3%、8.8%,土壤含水率在 16 min 时出现增加趋势,之后趋于稳定,28 min 时又出现上升的趋势;90 mm/h 雨强比 60 mm/h 雨强坡面含水率提前 4 min 出现增大现象,说明雨强越大,土壤入渗的速率越快;120 mm/h 雨强时,2 m、3 m、4 m、5 m 坡长土壤含水率分别增加了 5.7%、6.1%、6.3%、6.9%,坡面含水率提前 2 min 出现增大现象,但入渗量增量减小。

　　分析其原因,第一,随着坡长的延长,坡面承雨面积增大,承接的降雨量增多,用于下渗的雨量增加,土壤体积含水率增速加快,入渗率增大,坡面底部同一位置的入渗率增大。第二,坡长增大,坡面上方来水和汇水量增多,坡面下部汇流和积水增多,有利于促进土壤水分的入渗速率,因而坡长越长其同一位置的入渗率越大。第三,王玉宽[209]、石生新[210]通过降雨入渗产流试验得出,雨强增大时土壤入渗率增大,但 120 mm/h 雨强时,土壤入渗能力又降低,说明在一定降雨强度范围内,降雨强度有利于促进黄土坡面土壤水分的入渗速率,分析其原因,坡面入渗主要通过土壤的非毛管孔隙和一部分毛管孔隙通道流入[117],当雨强增大时,雨滴的动能增大,坡面径流深增加,地表径流层水压力和雨滴击打对入渗水流产生的挤压力都增大,特别是雨滴击溅产生的挤压力,不但会加速入渗水体的运动速度,还会使许多静止的毛管水注入到入渗水流之中,因此雨强的增大会促进土壤的入渗。然而,雨强增大到一定程度时,雨滴动能增大,对表层土壤打击易形成物理结皮,降低土壤入渗能力。同时,坡面径流的动能和侵蚀力增大导致坡面出现了细沟侵蚀,此时细沟的汇流作用使细沟间径流深减小,入渗能力减小。细沟溯源侵蚀和沟壁坍塌也会导致土壤水分汇入径流中,使坡面土壤入渗率明显下降。

4.2.2　同一坡长不同横断面体积含水率的变化规律

选择 5 m 坡长不同截面位置的水分传感器数据绘制成图(见图 4-5),图中 5-1、5-2、5-3、5-4 分别为距离坡面出口断面 1 m、2 m、3 m、4 m 处的水分传感器,结果显示,离坡面径流出口断面越近,土壤体积含水率越大,入渗速率越快,与郭晓朦等[190]通过径流小区试验得出的研究结果类似,即在自然状态的坡长下,坡位偏下的土壤入渗性能好,进一步证明上方来水对增加入渗、促进水分向深处运移有重要的作用。30 mm/h 雨强时,各传感器都在 18 min 出现第一个上升,然后趋于平稳,5-1 断面和 5-2 断面在 28 min 时土壤体积含水率出现一个上升,5-3 断面和 5-4 断面处则分别在 30 min、32 min 又出现上升,提前了 2 min 和 4 min。其他各雨强也表现为越靠近出口断面,土壤体积含水率变化时间越提前,下渗率越快。分析其原因,降雨开始后,坡面各部位雨水同时开始下渗,但开始产流时坡面径流会迅速汇集到坡面下部,产生积水坑等,造成下部土壤含水率迅速增大,下渗速率加快,同时下渗量也增大。

另外,30 mm/h 雨强各断面土壤体积含水率在 18 min 出现第一次增大,5-1 断面和 5-2 断面在 28 min 时出现第二次增大,5-3 断面和 5-4 断面在 30 min 和 32 min 时出现第二次增大。120 mm/h 雨强时,土壤体积含水率增大的时间整体提前,5-1 断面在 14 min 时第一次增大,其他断面在 16 min 时开始出现上升,在 24 min 和 32 min 时,5-1 断面出现第二、三次增大,而在第 26 min 和第 34 min 时其他断面出现第二、三次变化。表明同一断面,入渗速率随雨强的增大而增大。30 mm/h 雨强时,各断面土壤体积含水率分别增加了 3.0%、3.0%、2.8%、2.8%;60 mm/h 雨强时,各断面土壤体积含水率分别增加了 6.9%、7.0%、6.9%、6.9%,表明雨强增大时,土壤入渗率增大,主要原因是,雨强增大,坡面来水增大,用于下渗的水量增多,土壤体积含水率增大。120 mm/h 雨强时,各断面体积含水率分别增加了 6.8%、6.5%、6.4%、6.3%,相比于 60 mm/h 雨强又出现下降。分析其原因,雨强增大到 120 mm/h 时,雨滴的动能增大,坡面径流深增加,地表径流层水压力和雨滴击打对入渗水流产生的挤压力都增大,特别是雨滴击溅产生的挤压力,不但会加速入渗水体的运动速度,还会使许多静止的毛管水注入到入渗水流之中,因此雨强的增大会促进土壤的入渗。另外,雨强增大到一定程度时,雨滴动能增大,对表层土壤打击易形成物理结皮,降低土壤入渗能力。

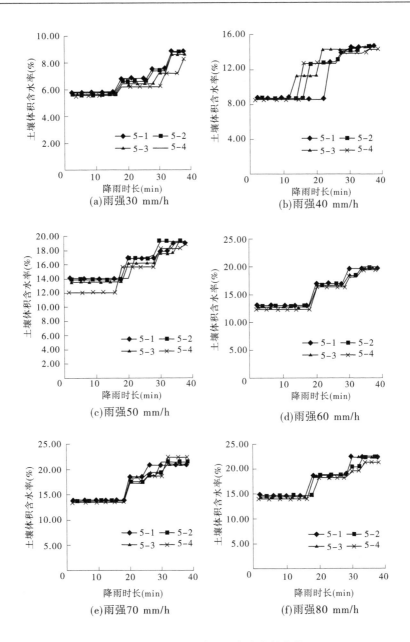

图 4-5　不同雨强土壤体积含水率的变化

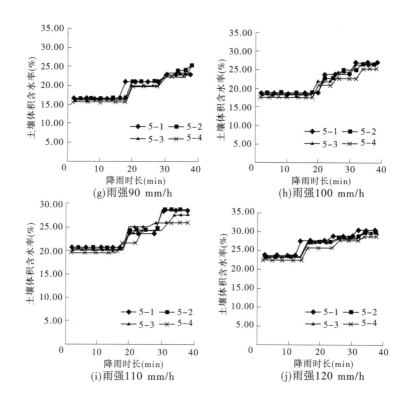

(g)雨强90 mm/h

(h)雨强100 mm/h

(i)雨强110 mm/h

(j)雨强120 mm/h

续图 4-5

4.2.3 土壤入渗率与产沙率的关系

将雨强 30~120 mm/h 条件下 4 个坡长同一横断面土壤入渗率与产沙率进行相关性分析(见表 4-1),结果显示,黄绵土坡面同一横断面位置雨强由 30 mm/h 增大到 120 mm/h 时,坡面降雨入渗率与产沙率在 0.01 水平上均呈极显著正相关关系,相关系数介于 0.41~0.91,雨强越大,相关性越小。分析其原因,一方面雨强增大,相同时间内坡面径流的形成速率越快,降落到坡面上的降雨短时间内即转化为径流顺坡流下,因此用于土壤入渗的水量减小,下渗率减小,此时由于径流对坡面的冲刷使得产沙量增加,导致雨强增加入渗率和产沙率的相关性减弱;另一方面,雨强增大,雨滴击溅作用增大,土壤表层易形成致密的土膜结皮,导致入渗率减小,此时坡面的径流量增大,径流冲刷产沙量增加,两者之间的相关性减弱。

表 4-1　不同雨强入渗率与产沙率的关系

雨强(mm/h)	项目	入渗率
30	产沙率	0.91**
	显著度	0.00
40	产沙率	0.83**
	显著度	0.00
50	产沙率	0.80**
	显著度	0.00
60	产沙率	0.74**
	显著度	0.00
70	产沙率	0.75**
	显著度	0.00
80	产沙率	0.63**
	显著度	0.00
90	产沙率	0.56**
	显著度	0.00
100	产沙率	0.52**
	显著度	0.01
110	产沙率	0.48**
	显著度	0.01
120	产沙率	0.41**
	显著度	0.01

注：＊＊0.01 水平上极显著相关(双尾)。

　　选择 5 m 坡长不同横断面土壤入渗率数据与产沙率进行相关性分析(见表 4-2)，结果显示，黄绵土坡面同一坡长不同断面入渗率和产沙率的相关性差别很大。坡面底部位置入渗率与产沙率的相关性系数(0.92)最好，坡面中间部位 5-2、5-3 断面入渗率与产沙率的相关性也较好(0.90、0.87)，坡顶 5-4 断面相关性较低(0.70)。主要原因是，试验土槽为陡坡坡面，降雨开始后，坡顶位置雨水无法积蓄，会迅速产生径流顺坡面流下，此时坡面顶部位置可供入渗的水流减少,同时径流顺坡面沿途冲刷侵蚀会产生泥沙;坡面上部径流慢慢汇聚,在坡中、坡底位置大量汇入,径流量增大,此时5-1断面和5-2断面位置易产生积水导致入渗量增大,同时径流冲刷产沙量也增大,因而两者之间相关性较好。

表4-2 不同断面入渗率与产沙率的相关关系

距坡面出口断面位置	产沙率			
	5-1	5-2	5-3	5-4
入渗率	0.92**	0.90**	0.87**	0.70**

注:**0.01水平上极显著相关(双尾)。

4.3 不同土层深度土壤体积含水率与产沙率的关系

4.3.1 各坡长同一横断面位置土壤体积含水率随土层深度的变化

选取60 mm/h、90 mm/h、120 mm/h 3个典型雨强,将降雨后坡长2~5 m距离坡面出口断面1 m处各土层深度土壤体积含水率绘制成条形图(见图4-6),结果显示,雨强60 mm/h、90 mm/h、120 mm/h时,各坡长的土壤体积含水率基本随土层深度的增加呈减小趋势,60 mm/h雨强时,同一土层深度各坡长土壤体积含水率差别较大,2 m坡长的土壤体积含水率最小,3 m、4 m、5 m坡长土壤体积含水率较大,无明显的变化规律。随着雨强的增大,90 mm/h、120 mm/h雨强土壤体积含水率基本仍随土层深度的加深出现增大的趋势,但含水率变化值越来越小。60 mm/h雨强时,2 m、3 m、4 m、5 m坡长5 cm深含水率分别为21.85%、24.56%、24.03%、25%,20 cm深土层体积含水率减小为10.29%、15.53%、17.46%、16.67%,减小了11.56%、6.97%、8.50%、8.33%。90 mm/h雨强时的减小量分别为5.24%、4.89%、4.00%、3.04%。表明雨强增加时各土层土壤体积含水率增加,而体积含水率的变化则呈减小的趋势。分析其原因,坡长较小时,坡面径流汇水面积小,出口断面径流量小,可提供用于下渗的水量较少,土壤体积含水率较小。随着坡长雨强的增大,土壤下渗深度和各土层下渗量则出现增大的趋势。雨滴击打力增大促进水分下渗,且径流深增大为降雨入渗提供水分来源,降雨结束后各土层深度土壤体积含水率均增大。与此同时,雨强越大,表层土壤达到稳定含水率的时间越短,土壤纵向运动加快,入渗率和水分活动层深度增加。同时,由于雨滴对坡面的打击作用增强,土壤表面易形成致密的结皮层,阻碍水分向下运动,因而下层深度土壤的含水率变化小,降雨强度越大,形成的土壤结构结皮越致密,降雨入渗减小的效果越明显[191],因而土壤体积含水率变化量减小。

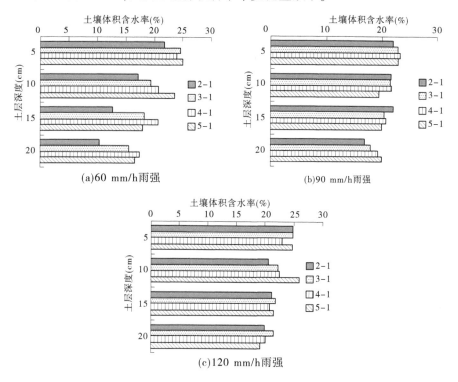

图 4-6　土壤体积含水率随土层深度的变化

4.3.2　坡面不同断面位置土壤含水率随深度的变化

选取 5 m 坡长距径流出口断面 1 m、2 m、3 m、4 m 4 个断面,将降雨结束后坡面竖直方向 5 cm、10 cm、15 cm、20 cm 深度土壤体积含水率沿土层深度绘制成条形图(见图 4-7)。结果显示,各降雨雨强同一断面土壤体积含水率随土层深度的增加而减小。主要原因是,外部条件(比如雨强、土壤质地、容重等)相同时,土壤入渗率的大小主要受地表含水率的影响,表土的含水率越低,土壤的基质吸力越大,表层土壤与下层土壤间的水势梯度越大,其累计入渗量也越大,因而入渗能力越强。60 mm/h 雨强时土壤体积含水率层间差异比较明显,但从坡脚到坡顶同层土壤间体积含水率差异不显著,90 mm/h 和

120 mm/h 雨强降雨结束后,同层土壤的体积含水率在坡面不同位置处差异显著,表现为距离坡面出口断面越近,土壤体积含水率越高。原因是随着降雨场次和雨强的增大,雨水转化为土壤水的量也增大,入渗深度增加,含水率增大。由于多次降雨及降雨后的再分配过程使坡面水分重新分配,土壤水分交替经历入渗和再分配过程,导致每场降雨的初始水分含量和上一次降雨有所不同,降雨场次越多,初始水分分布越复杂,入渗量差异越大。坡面底部位置由于上方来水,径流汇聚导致积水增加,而坡面底部积水量最大,因而土壤体积含水率越高。

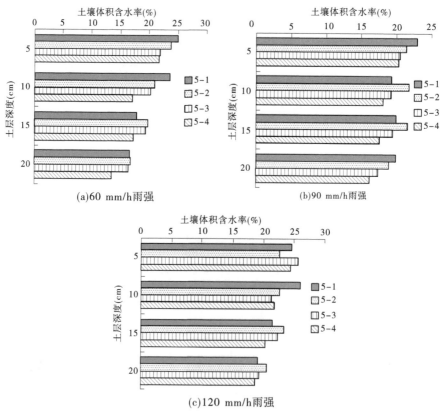

(a)60 mm/h雨强

(b)90 mm/h雨强

(c)120 mm/h雨强

图 4-7 土壤体积含水率随土层深度的变化

4.3.3 土壤体积含水率与产沙率的关系

将各土层土壤入渗率与坡面产沙率进行相关性分析,如表4-3所示。

表 4-3　各土层深度入渗率与产沙率的关系

土层深度	产沙率			
	5 cm	10 cm	15 cm	20 cm
入渗率	0.41	0.65[*]	0.52	0.17

注：* 0.05 水平上极显著相关。

相关性分析结果显示,10 cm 土层深的土壤入渗率与坡面产沙率在 0.05 水平上的相关系数为 0.65,有较好的相关性;5 cm、15 cm、20 cm 土层深土壤体积含水率与产沙率都没有相关性。分析其原因,5 cm 深土层较浅,降雨产生的水分可快速入渗,土壤体积含水率迅速增大,很容易达到饱和状态,随径流量的变化较小,与产沙率相关性不大。入渗水量经 15 cm 和 20 cm 土层较深,水分在垂直入渗过程中具有时效性和延迟性,坡面降雨产生的水分要经过上层土壤慢慢传导,上层土壤吸收后部分转换为土壤水毛细水,多余的重力水下渗继续供下层土壤吸收。坡面湿润锋对各层运移速率的影响主要体现为在浅层土壤中的推移,对下层土壤中的运移速率变化影响不大,其与径流量和侵蚀产沙相关性小。而 10 cm 土层土壤水分运移速率相对较快,体积含水率受坡面降雨和径流量的影响显著,降雨和径流量与侵蚀产沙密切相关,因而 10 cm 深土层入渗含水率与侵蚀产沙相关性更好。

4.4　小　　结

基于室内人工模拟降雨试验,本章定量分析了降雨入渗过程及雨强、土壤前期含水率对坡面起始产流时间的影响,揭示坡面不同截面部位及不同深度体积含水率的变化规律,探讨了土壤入渗率、体积含水率与产沙率的关系,主要得出如下结论：

(1)晋西黄绵土坡面产流时间随降雨强度的增大表现出明显缩短的趋势,两者之间表现为负线性关系;径流起始产流时间与土壤前期含水率存在负相关关系($R^2>0.85$);黄绵土坡面入渗率与起始产流时间呈正相关关系($R^2=0.85$)。

(2)同一坡面不同位置,越靠近坡面底部,入渗速率越快;同一断面,入渗速率随雨强的增大而增大;相关分析表明雨强增大,入渗率与产沙率的相关性减小。不同截面相关性结果显示,坡面底部位置入渗率与产沙率的相关性系数(0.92)最好,坡面中间部位 5-2、5-3 断面入渗率与产沙率的相关性也较好

(0.90、0.87),坡顶5-4断面相关性较低(0.70)。

(3)雨强增大时,各土层土壤体积含水率增加,但其变化量则呈减小的趋势。各降雨雨强同一断面土壤体积含水率随土层深度的增加而减小;同一深度不同断面土壤入渗率表现为距离坡面出口断面越近土壤入渗率越高。不同深度土壤入渗率与产沙率的关系表现为:10 cm 土层深的土壤入渗率与坡面产沙率在0.05水平上有较好的相关性($R^2 = 0.65$);5 cm、15 cm、20 cm 深土壤入渗率和产沙率没有相关性。

第 5 章　坡面径流水动力学与输沙特征

坡面径流与土壤表面相互作用导致土壤水力侵蚀,其发生发展与坡面径流水动力学特征(如流态、流速、径流深等)密切相关,深入分析坡面薄层水流动力学变化规律是探明坡面土壤侵蚀机制的基础,而输沙过程的研究是分析坡面径流侵蚀过程的一个非常重要的指标。晋西黄绵土坡面土质疏松,降雨集中,且历时短、强度大,加之该区植被较差,非常容易产生严重的水力侵蚀。因此,本章基于室内人工模拟降雨试验数据,通过分析不同降雨强度下坡面薄层径流流速、流型流态、径流深、径流剪切力随坡长的变化规律,揭示坡长、雨强与坡面径流水动力学特性的关系,以及不同流态影响下坡面输沙率与径流的关系。

5.1　坡面径流水动力学特征分析

5.1.1　坡面径流流态

径流流态是表征坡面薄层流水动力学特性的基本参数,由于径流在向下流动过程中坡面微地貌发生变化,且坡面固定测量点水力学参数随降雨历时与雨强的变化而变化,导致坡面薄层水流在时空分布上是非稳定和非均匀的。依据明渠水流判断标准,坡面薄层水流可视为二元结构的明渠流[63]。因此,本研究根据水力学中二元流雷诺数判别方法确定坡面薄层水流流态。试验结果(见表 5-1)表明,雨强 $30 \sim 125$ mm/h 坡长 $1 \sim 5$ m 时,弗劳德数基本均大于 1,说明在试验条件下坡面薄层径流为急流;径流雷诺数在 $7.83 \sim 90.99$ 范围内变化,均小于 500,说明径流为层流范畴。相同坡长下坡面径流雷诺数随着雨强的增大而增大,且雨强越大其紊动性越强。分析其原因,雷诺数与径流流速及径流深有关,当雨强较小时,降雨主要用于原地渗透,基本上不形成径流,即使形成径流,在沿坡面向下流动的过程中很快渗透,随着降雨强度的增大,当雨强大于土壤入渗率时,坡面径流来不及渗透而沿坡面向下流动,即形成超渗产流,尤其是当细沟形成后,坡面水流汇集于细沟内部,由面状漫流变为线状股流,其径流深、流速均有较大增加。试验观察到降雨开始至径流形成之初,坡面以雨滴的溅蚀作用为主,随着径流量的增加,薄层水流分布于整个坡面并流出坡面。随着降雨时间的延续,坡面中部和下部首先形成诸多微小的跌坎,跌坎逐渐发育形成细沟。就坡面平均径流深与流速而言,以坡长 1 m 为例,一方面,试验测得雨强由 30 mm/h 增大到 125 mm/h,坡面平均流速分别为 0.08 m/s、0.10 m/s、0.12 m/s 及 0.13 m/s,平均径流深分别为 0.11 mm、0.12 mm、0.18 mm 及 0.23 mm,说明随着雨强的增大坡面径流深与流速增大,从而增强水流的紊动性。另一方面,雨强由 30 mm/h 增加到 125 mm/h 时,试

表 5-1　不同坡长及雨强下坡面径流雷诺数与弗劳德数

坡长(m)	温度(℃)	雨强(mm/h)	雷诺数	流态	弗劳德数
1	15.0	30	7.83	层流	2.59
1	16.0	60	10.62	层流	2.96
1	15.0	80	19.77	层流	2.89
1	17.0	125	25.24	层流	2.62
2	15.0	30	10.36	层流	2.10
2	16.0	60	19.15	层流	1.77
2	15.0	80	22.35	层流	2.29
2	17.0	125	50.82	层流	2.20
3	15.0	30	12.82	层流	2.19
3	16.0	60	21.18	层流	2.36
3	15.0	80	46.78	层流	2.32
3	17.0	125	65.59	层流	2.25
4	15.0	30	12.69	层流	2.67
4	16.0	60	30.63	层流	2.73
4	15.0	80	54.96	层流	2.39
4	17.0	125	78.30	层流	2.53
5	15.0	30	22.37	层流	2.80
5	16.0	60	42.76	层流	2.06
5	15.0	80	81.06	层流	1.80
5	17.0	125	90.99	层流	2.72

验过程中用滤纸色斑法测得各雨强下雨滴平均直径分别为 0.55 mm、1.17 mm、1.80 mm 及 2.48 mm,说明雨强越大,雨滴直径越大,雨滴对于坡面径流的扰动增强,很大程度上增加了径流的紊动性。另外,试验过程中观察到注入到径流中的示踪剂迅速出现横向及垂向扩散,雨滴降落时将水流溅开,使得床面瞬时露出,雨滴越大,对坡面的溅蚀作用越强,极易在坡面留下溅蚀坑,可增大水流的紊动性,而较大雨强的降雨在水面上形成水波,水波的扩散和相互碰撞也能增大水流的紊动性。

相同雨强下,坡面径流紊动性随着坡长的延长而增强,且雨强越大,坡面水流沿坡长的紊动性增幅越大。其原因可能是坡面承雨面积随着坡长的延长而增大,导致径流量随之增大,而坡长越长,重力势能越大,转化为动能时能量自然也就大,流速也就快,当坡面流速增大后,各流层之间液体质点的混掺作用在不断加强,从而导致雷诺数增大。另外,随着坡长的延长,坡面微地貌对薄层水流的影响加剧,使水流不可避免地出现局部波动,紊动程度加强。

在明确了坡面径流的流态后,本书对坡长 1~5 m、雨强 30~125 mm/h 试验所得的径流雷诺数、弗劳德数与产沙量的关系进行了相关分析与回归分析,结果表明(见表 5-2),产沙量与雷诺数在 0.01 水平上均呈极显著正相关关系,相关系数 0.76,说明径流流态对坡面薄层水流侵蚀力的大小有显著影响,肖培青等通过研究上方汇水与降雨强度对坡面径流流态的影响时也指出,坡面水流雷诺数在降雨强度与汇流的共同影响下增大,从而导致侵蚀产沙量迅速增大[211],与本书研究结论吻合。

表 5-2　坡面径流产沙量与雷诺数、弗劳德数的相关性分析

	产沙量	雷诺数	弗劳德数
产沙量	1		
雷诺数	0.76**	1	
弗劳德数	-0.12		1

注:**$P < 0.01$,$N = 20$。

产沙量与弗劳德数相关性较差,呈微弱的负相关关系,相关系数为 -0.12。回归分析表明,产沙量随着雷诺数的增大而增大,二者的关系可用幂函数很好地表达($R^2 = 0.87$)。从图 5-1 分析可知,雷诺数较小时,产沙量增幅不明显,雷诺数较大时,产沙量增幅也较大。如 5 m 坡长雷诺数较坡长 1 m 时大,坡长 1 m 时雨强由 30 mm/h 增大到 125 mm/h,雷诺数增幅 17.41,相应产沙量增加 0.32 kg,而坡长 5 m 时雷诺数增幅 68.62,相应产沙量增加 2.84 kg,

进一步说明雷诺数对产沙量有显著影响,分析其原因,一方面,随着雨强的增大,雨滴对于坡面表层土壤的溅蚀作用为径流侵蚀产沙提供物质来源,且加强了坡面水流的紊动性,被扰动了的水体搅起、翻动及挟带坡面松散物质流出出口的能力增强,产沙量增大;另一方面,雷诺数是径流惯性力与黏滞力的比值,坡长的延长使得降雨过程中坡面汇流面积增大,坡面下部径流流速加快,水流惯性力起主导作用,扰动水体增强其侵蚀能力,特别是当坡面产生大量的细沟时,更多的径流集中成股向下流动,侵蚀产沙的能力大大增强。

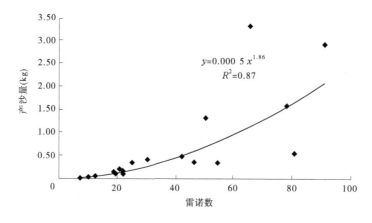

图 5-1　产沙量与雷诺数的关系

5.1.2　坡面流速、径流深随坡长的变化

径流是造成坡面土壤侵蚀与泥沙输移的主要动力,研究显示,坡面径流流速与坡度呈正比,径流深与其成反比[212]。流速作为坡面径流最主要的水动力学参数,影响着泥沙的起动、运移、沉积整个过程,在目前坡面流理论尚未完善的情况下,径流雷诺数、剪切力等诸多水动力学参数均根据流速计算。为了更好地分析试验条件下坡面径流水动力学特性,对雨强 30 mm/h、60 mm/h、80 mm/h、125 mm/h 降雨条件下坡长对坡面径流平均流速、平均径流深的影响进行了相关性分析和回归拟合,结果显示(见图 5-2),平均流速与平均径流深均随坡长的延长呈线性增长规律,夏卫生等[213]、赵小娥等[214]也指出,流速随坡长的延长总体呈增大趋势。坡长、雨强与流速、径流深呈极显著正相关关系,坡长与二者的相关系数为 0.615、0.568,雨强与二者的相关系数为 0.730、0.751,且雨强越大,二者增速越快,表现为回归拟合方程系数的增大(见表 5-3)。试验结果显示,坡长由 1 m 延长至 5 m,30 mm/h 雨强时流速在

0.094~0.140 m/s 范围内变化，增幅 0.046 m/s；60 mm/h 雨强时变化范围为 0.113~0.162 m/s，增幅 0.049 m/s；80 mm/h 雨强时变化范围为 0.137~0.190 m/s，增幅 0.053 m/s；雨强增加至 125 mm/h 时，流速随坡长增加最为显著，变化范围为 0.140~0.219 m/s，增幅 0.079 m/s，是 35 mm/h 雨强的 1.72 倍，且回归方程拟合性非常强，方程拟合优度达到 0.99。另一方面，由于坡面水流水层很薄，且土壤下垫面条件复杂，径流并非均匀分布，因此假定局部地区水流沿坡面（坡上、中、下部）是均匀分布的[70]，数据显示，雨强 30 mm/h 时，坡长由 1 m 增加到 5 m，径流深增加 0.087 mm，60 mm/h、80 mm/h 与 125 mm/h 时，径流深随坡长从 1 m 延长到 5 m 增量分别为 0.237 mm、0.246 mm 与 0.267 mm。

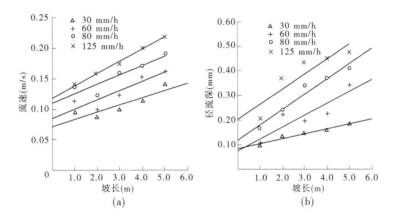

图 5-2　流速、径流深与坡长的关系

表 5-3　流速、径流深与坡长的回归拟合

雨强	流速（mm/s）—坡长（m）		径流深（mm）—坡长（m）	
（mm/h）	回归方程	R^2	回归方程	R^2
30	$v = 0.011l + 0.071$	0.791	$h = 0.019l + 0.084$	0.936
60	$v = 0.015l + 0.084$	0.801	$h = 0.048l + 0.075$	0.800
80	$v = 0.015l + 0.109$	0.825	$h = 0.061l + 0.118$	0.958
125	$v = 0.020l + 0.117$	0.990	$h = 0.062l + 0.202$	0.815

分析造成该结果的原因：第一，从水文学与水力学角度看，坡面径流流速与雨强、坡面汇流面积均有密切关系[215]。相同雨强下，坡长的延长增加了坡

面承雨面积,使得坡面径流量增大,张光辉研究指出,随着流量的增大,坡面薄层水流的平均流速呈幂函数增加[59];而坡面上方汇流量随降雨的进行增多,很大程度地增大了径流的动能,使得径流流速增大,且在陡坡条件下,雨滴动量沿坡面的分量较大,会使降雨不同程度地增大表面流速[212]。第二,细沟的出现影响坡面径流流速。降雨试验后观察坡面侵蚀情况发现,在坡面下部出现了不同侵蚀程度的连通或不连通的细沟,坡长越长,细沟形态越复杂,而集中于细沟中的水流流速增大更为明显。研究表明,细沟的密度、大小与坡长、雨强密切相关,细沟密度、割裂度与坡长、雨强呈正相关,细沟宽深比与二者呈反比关系,雨强对细沟割裂度的影响更敏感,而坡长对细沟密度和宽深比的影响较雨强敏感[216]。第三,试验结果表明,平均径流深与流速均随雨强的变化是相对稳定的,表现为显著正相关关系,但雨强相同时径流深随坡长延长而波动增大,雨强越大波动越显著,主要在于坡面汇流面积的增加导致下垫面条件复杂,当雨强小于土壤入渗速率时,降雨形成径流后先就地入渗,然后形成径流,径流深随坡长延长增加较平稳,但随着雨强的增大会形成超渗产流,单位时间内径流快速形成,径流深快速增大,尤其当坡长延长且坡面出现不同程度的细沟后,坡面侵蚀情况与入渗情况更加复杂,导致径流深波动变化。

5.1.3　径流剪切力随坡长的变化

　　径流剪切力是径流在流动过程中沿坡面梯度方向上产生的一种作用力[217],是径流分离、迁移土壤的主要动力,为坡面水土流失提供物质来源。试验结果如图5-3所示,相同雨强下,径流剪切力随坡长延长而增大,雨强越大增幅越快,如雨强30 mm/h时,坡长由1 m延长到5 m,径流剪切力在0.340~0.649 Pa变化,增幅为0.309 Pa;雨强60 mm/h、80 mm/h及125 mm/h时,增幅分别为0.846 Pa、0.876 Pa及0.954 Pa,其中,125 mm/h雨强时径流剪切力的增幅分别是30 mm/h、60 mm/h、80 mm/h雨强时的3.086倍、1.128倍、1.088倍。径流剪切力与坡长的关系可用线性相关方程描述,30~80 mm/h雨强时方程拟合优度达到0.90以上,雨强为125 mm/h时,剪切力波动较大,方程拟合优度虽较前3个雨强时小,也达到0.81。研究表明,当土壤颗粒间的黏结力小于径流剪切力时土壤从表面分离[218],即径流剪切力随流量的增大而增大。本试验结果显示,第一,坡面径流深随坡长的延长而增大,且雨强越大增加的速度越快,在水质、水温及坡度不变的情况下,径流深越大引起水流对土壤颗粒的推力和上举力越强,并且很大程度上减少了游离土壤颗粒向出口运移过程中在坡面停留的时间,从而导致坡面径流剪切力增大;

第二,坡长的延长导致坡面径流流速增大,尤其在坡面下部流速急剧增大并形成细沟流,极大地增强了其对坡面表层土壤颗粒的分离能力与迁移搬运能力;第三,由 5.1.2 节分析可知,在相同降雨历时内,雨滴动能随着雨强的增大而增大,雨滴降落与径流接触可增大径流的紊动性,从而增强径流剪切力,使得更多的土壤颗粒从坡面起动并随径流流出出口,增大土壤侵蚀量。

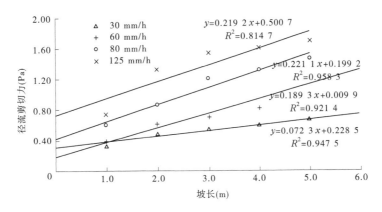

图 5-3　径流剪切力与坡长的关系

　　为了进一步研究坡长与雨强对径流剪切力的影响程度,对三者的关系进行了相关分析,结果表明,坡长、雨强与径流剪切力呈极显著正相关关系,相关系数为 0.578、0.751,雨强对于径流剪切力的影响较坡长大。剔除"雨强"变量的影响,将坡长与剪切力进行偏相关分析,其偏相关系数为 0.875,较简单相关系数大 0.297,当剔除"坡长"变量,将雨强与剪切力进行偏相关分析时发现,其偏相关系数达到 0.920,由此说明,二者单独对径流剪切力均有非常显著的影响,但当二者同时作用于径流剪切力时,存在一定的相互制约效应。已有研究表明,引起土壤流失的主要原因在于土壤团聚体的破坏,雨滴的打击与坡面薄层径流的流动为破碎团聚体的流失提供动力条件[219],而大雨强时雨滴的直径越大,一方面增强对土壤表面的溅蚀,增加坡面细颗粒物质量,另一方面增强径流紊动,从而增加径流剪切力;坡长作为影响土壤侵蚀的因素之一,虽然随着坡长的延长径流流量、流速、径流深增大,但并不是土壤侵蚀过程的动力来源,且坡长的延长增加了泥沙沉积的机会,使得坡面水沙输移过程非常复杂。因此,坡长对于径流剪切力的影响较雨强弱。

　　将剪切力与坡长、雨强进行回归分析,得出线性拟合回归模型:

$$\tau = 0.175L + 0.100I - 0.325 \qquad R^2 = 0.895$$

式中:τ 为径流剪切力,Pa;L 为坡长,m;I 为雨强,mm/h。

回归模型方差分析表明统计量 $F = 74.537$,显著性概率 P 值远远小于 0.001,说明剪切力与坡长、雨强之间确实存在显著线性回归关系,而模型决定系数为 0.895,说明拟合模型能较好地显示径流剪切力与坡长、雨强之间的关系,模型代表性强。

5.2 坡面径流输沙过程分析

5.2.1 雨强对输沙率的影响

选择雨强 30 mm/h、60 mm/h、80 mm/h、125 mm/h 及坡长 1~5 m 条件下输沙率数据做图,结果显示,相同坡长下坡面径流输沙率随着雨强的增大呈增加趋势,与汪邦稳等[220]的研究结论相似(见表5-4)。分析产生上述结果的原因,雨强较小意味着降雨动能小,对土壤表面颗粒的溅蚀作用较大雨强时小,且降雨大部分就地入渗。随着降雨强度的增大,雨滴对于坡面土粒的击溅破坏作用增强,为径流提供较多的物质来源,且雨滴的击溅可能阻塞土壤表面孔隙,使得单位时间内坡面径流量增大,而相同坡度条件下,坡面径流单宽输沙率随着流量的增加而增加[221],导致输沙率随雨强增大而增加。坡长 1 m 时输沙率随雨强增大缓慢增加,但输沙率整体较 2 m、3 m、4 m 及 5 m 坡长小,可能由于坡长较短时(1 m),径流能量主要用于剥蚀表层疏松颗粒并将其携带出出口,但短坡长能够用于挟带的物质量有限,导致其输沙率较小。而随坡长的延长,坡面表层可供径流挟带的松散颗粒物质多,且坡长的延长导致流速加快,单位时间内径流量增加,增强了其挟沙能力,使得输沙率增加。

另一方面,雨强由 30 mm/h 增大到 60 mm/h 时各坡长输沙率较 60 mm/h 增大到 80 mm/h 及 80 mm/h 增大到 125 mm/h 时增幅明显(见表5-4),由此初步推断 60 mm/h 左右雨强可能是该区土壤侵蚀明显加剧的下限雨强,需重点监测,以减少坡面水土流失。分析其原因,雨强越大导致坡面下部径流深与流速越大,局部坡面在短时间内有细沟出现或者局部侵蚀坍塌,导致输沙率的小幅波动,雨强越大,其对坡面土壤的侵蚀能力越强,且雨强越大、坡长越长、坡面径流的冲刷作用明显且不稳定,使得坡面径流侵蚀可能由片蚀转化为细沟侵蚀,形成时分时合的细沟,导致坡面输沙率的不稳定变化。

表 5-4　不同雨强与坡长下的输沙率

雨强(mm/h)	1 m	比值	2 m	比值	3 m	比值	4 m	比值	5 m	比值
30	0.01	—	0.02	—	0.02	—	0.03	—	0.04	—
60	0.03	3.00	0.07	3.50	0.10	5.00	0.20	6.67	0.23	5.75
80	0.06	2.00	0.08	1.14	0.17	1.70	0.17	0.85	0.27	1.17
125	0.17	2.83	0.65	8.12	1.66	9.76	0.80	4.70	1.46	5.40

注:"比值"表示不同雨强输沙率之比,如 3.00 = 0.03/0.01,2.00 = 0.06/0.03。

5.2.2　坡长对输沙率的影响

　　试验结果显示(见图 5-4),输沙率随坡长的延长整体呈增大趋势,雨强越大,输沙率波动越明显,增幅越大。当雨强大于 60 mm/h 时,坡长由 3 m 延长到 4 m 时输沙率增量较由 2 m 延长到 3 m 与由 4 m 延长到 5 m 时小,雨强越大下降幅度越大。分析其原因,坡面径流能量主要用于自身流动、剥蚀土壤及输移泥沙,能量的分配在其沿坡面流动过程中是不断变化的,使床面泥沙及被挟带搬运的泥沙在径流作用下不断交换[222],导致坡面土壤侵蚀并不是随着坡长的延长不断增加,而呈现一定的波动性[223]。坡长越长,径流用于自身流动和挟带泥沙的能量越大,用于剥蚀土粒的能量越小,当达到其挟沙能力时,径流能量不足以支撑其继续剥蚀土壤,导致坡长的增加不会使输沙率增加或增幅变小。

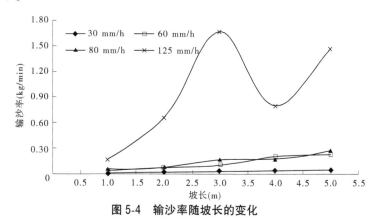

图 5-4　输沙率随坡长的变化

　　根据降雨过程中对坡面平均流速的测量,以雨强 125 mm/h 为例,坡长由 1 m 延长到 5 m 时,坡面径流平均流速分别为 0.12 m/s、0.14 m/s、0.15 m/s、

0.18 m/s 及 0.20 m/s,呈明显增大趋势,流速越大则说明径流能量越大,并且对坡面土壤的剥离和搬运能力越大,意味着输沙率越大。试验结果显示,当坡长小于 4 m 时符合这个规律,1~3 m 输沙率分别为 0.17 kg/min、0.65 kg/min、1.66 kg/min,但当坡长延长至 4 m 时流速增加,输沙率反而较 3 m 时减小(4 m 时为 0.80 kg/min、5 m 时为 1.46 kg/min),说明径流能量除消耗于自身流动及搬运泥沙外,未必有足够的能量用于继续剥蚀土壤表面颗粒。因此,初步推断雨强大于 60 mm/h 且坡长达到 4 m 时,径流可能不再以剥蚀为主,而是存在剥蚀与沉积交替的现象,最终导致出口断面的输沙率不再增加,且降雨后观察坡面形态可知,坡面下部并没有连通的细沟出现,也进一步说明了剥蚀与沉积交替现象的存在。

如图 5-5 所示为 5 m 坡长坡面下部所产生的侵蚀细沟,降雨试验过程中观察到跌坎最先出现于坡面中下部,随着径流能量的增大,经过溯源侵蚀与沟壁坍塌过程,细沟长度和宽度逐渐发育,并最终趋于稳定,随着径流含沙量的增大,必然导致其对土壤的剥蚀能力降低,同时其所携带的泥沙开始沉积。李君兰等选择杨凌土(曾为农耕地,休耕 1 年后的荒坡地)作为研究土壤,其结果表明,相同条件下流速在距离坡顶超过 5 m 后依然会增加,但含沙量并不会增加,说明超过输沙能力的采样长度后,径流不再以剥蚀为主,而是剥蚀与沉积交替进行[222]。雷廷武通过研究不同长度侵蚀细沟在坡度和入流量影响下侵蚀量及细沟形态特征时指出,测定输沙能力的采样长度为 2~4 m,并通过对细沟形态变化分析进一步说明此结论的正确性[224],本研究坡长为 1~5 m,在采样长度范围内。由此可以得出相似的推断[225],径流能量及分配在其沿坡面向下流动的整个过程中不断变化,从而导致其所携带泥沙与其从沟床剥蚀的泥沙之间不断交换,当超过输沙能力采样长度后,坡面土壤侵蚀与泥沙沉积过程会交替发生。

5.2.3 径流量对输沙率的影响

在整个降雨过程中,坡面经历了溅蚀、面蚀及细沟侵蚀 3 种侵蚀形式,径流在面蚀与细沟侵蚀中起着很重要的作用。对雨强 30~125 mm/h 时 5 个坡长输沙率随径流量的变化过程进行分析(见图 5-6),结果表明,随着径流量的增加,输沙率总体呈波动增大趋势,但随着径流量的逐渐增大,输沙率的增速与波动均较大。径流量小于 0.01 m³ 时,输沙率呈缓慢且稳定增长,径流量在 0.01~0.02 m³ 时,输沙率呈跳跃性增长,径流量为 0.02~0.05 m³ 时,输沙率增加速率较 0.01~0.02 m³ 时快,而当径流量大于 0.02 m³ 时,输沙率波动起

图 5-5　坡面下部侵蚀细沟形态

伏非常大。分析其原因,一方面随着径流量的增大,径流挟沙、冲刷能力增强,导致输沙率增大;另一方面,可能由于径流量随着雨强和坡长的增加而增大,结合上述径流流态研究结论可知,随着坡长与雨强的增大,径流雷诺数增大,说明径流紊动性增强,增强了坡面径流的侵蚀能力,使得输沙率呈波动增大趋势。

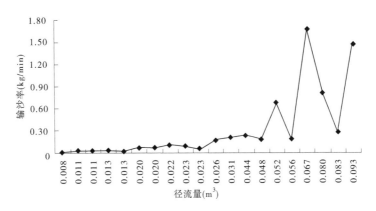

图 5-6　输沙率随径流量的变化

　　基于上述研究结果可知,径流量对于坡面泥沙输移有显著影响,为了定量描述输沙率与径流量的相关程度及输沙率随径流量的变化关系,将 30~125 mm/h 雨强与坡长 1~5 m 输沙率与径流量数据进行相关分析和回归分析,结果显示,输沙率与径流量在 0.01 水平上呈极显著正相关关系(相关系数为 0.76),二者的关系可用幂函数表示,模型拟合度较好(0.86):

$$S_\alpha = 85.86R^{1.86}$$

式中:S_α 为输沙率,kg/min;R 为径流量,m³。

5.3 坡面径流含沙量分析

5.3.1 坡长对径流含沙量的影响

相同雨强下径流含沙量随坡长的延长呈波动变化趋势,且雨强越大,含沙量波动越大(见图5-7)。雨强35 mm/h时,坡长由1 m延长到5 m,含沙量变化范围为21.155~76.818 kg/m³,差值为55.663 kg/m³;雨强60 mm/h,在78.684~201.924 kg/m³浮动,差值123.240 kg/m³,是前者的2.21倍;雨强80 mm/h,含沙量为80.167~212.361 kg/m³,差值为132.194 kg/m³,是60 mm/h雨强的1.07倍;雨强增大到125 mm/h,含沙量变化最为剧烈,其范围为200.500~724.704 kg/m³,差值为524.204 kg/m³,是80 mm/h雨强的3.97倍。可见,35 mm/h雨强时坡长对含沙量的影响较小,125 mm/h雨强时坡长作用最为显著。从图5-7中还可发现,各雨强下径流含沙量达到峰值的临界坡长不同,35 mm/h与60 mm/h雨强时,含沙量在4 m坡长处达到峰值,80 mm/h与125 mm/h雨强时,含沙量在3 m坡长处达到峰值,可见临界坡长并不是定值,廖义善等[31]对黄土丘陵沟壑区的研究也曾得出,临界坡长不是一个确定的值,但在一定范围内变化,变化范围由降雨、坡面地形等因素决定。

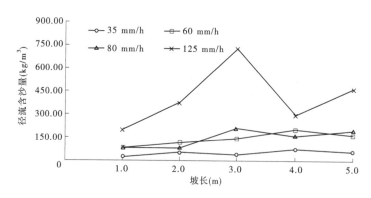

图5-7 径流含沙量与坡长的关系

通过分析径流量与产沙量数据可知,随坡长延长,径流量与产沙量增减变化的不同步是引起含沙量呈波动变化的主要原因,坡面径流量始终随坡长增加而增加,而产沙量并不总随坡长增加而增加。如雨强125 mm/h时,坡长由1 m延长到2 m,坡面径流量增幅为0.026 m³,产沙量增幅为0.974 kg;坡长由

2 m 延长到 3 m,径流量增幅为 0.015 m³,产沙量增幅为 2.008 kg;坡长由 3 m 延长到 4 m,径流量增幅为 0.013 m³,产沙量减幅为 1.727 kg;坡长由 4 m 延长到 5 m,径流量增幅为 0.013 m³,产沙量增幅为 1.324 kg。分析产生上述现象的原因,第一,试验坡面较短,降雨到达坡面后在短时间内即可形成径流,随着坡长的增加,承雨面积增大,相应径流量增加。第二,坡长越长,径流向出口断面汇流时坡面下部径流量越多,导致坡面径流流速及剪切力增大[51],冲刷作用增强,试验过程中可观察到 4 m 和 5 m 坡面下部有细沟形成,可使径流由坡面薄层水流转变为沟内股流,径流增大的同时侵蚀产沙能力也随之增强。第三,试验坡面无植被覆盖,降雨开始后还未形成径流前,雨滴直接与坡面接触,在此阶段,雨滴所具有的能量全部作用于打击地表,一些分散于地表的细小颗粒被溅起并发生位移,雨滴的击溅还容易使非稳定性土壤团聚体之间的胶结凝聚作用降低,形成更多分散的小颗粒,使坡面各处都存在易被水流运移的土粒,且坡长越长,分散土粒越多,由径流冲刷至出口的泥沙量越多。第四,水流重力势能转化为动能的过程伴随着径流侵蚀下方土壤的过程,但当转化的能量小于径流输沙所需能量时,侵蚀量减少,另外,径流在运移泥沙的过程中,游离在水流中的土壤颗粒与上坡挟带泥沙之间存在着碰撞交替及粒级交换[226],水流内的这种土壤碰撞也需要消耗能量,降低了径流侵蚀泥沙的能力,导致产沙量减小。

　　为了进一步探究径流含沙量随坡长延长的波动变化情况,对坡长每延长 1 m 时含沙量的增量进行分析,结果表明(见表 5-5),相同雨强下坡长每延长相同长度,含沙量的增量并不相等,且无明显变化规律。雨强 35 mm/h 时,坡长每延长 1 m,含沙量增量分别为 33.93 kg/m³、−15.85 kg/m³、37.59 kg/m³ 及 −18.87 kg/m³,坡长由 3 m 延长到 4 m 时增量最大,由 4 m 延长到 5 m 时增量呈减少趋势;雨强 60 mm/h 时,坡长每延长 1 m 含沙量增量较 35 mm/h 时大,但变化趋势与其相似,均在坡长 4 m 处达到峰值;雨强 80 mm/h 时,坡长由 2 m 延长到 3 m 含沙量增量最大,为 132.19 kg/m³,而由 3 m 延长到 4 m 时增量为负值;雨强增大到 125 mm/h 时,径流含沙量变化剧烈,坡长由 2 m 延长到 3 m 时增量最大,为 348.02 kg/m³,且为 80 mm/h 雨强时的 2.63 倍,坡长由 3 m 延长到 4 m 时含沙量增量明显减少,为负值(−425.71 kg/m³),说明雨强 80 mm/h 与 125 mm/h 时含沙量在 3 m 坡长处达到峰值。分析其原因,径流对土壤的剥蚀、泥沙沉积与坡面流的能量有直接关系,当径流能量大于各部分能量消耗之和时,侵蚀能力较强,当径流能量不能满足各部分能量消耗时,坡面出现沉积,这两种状态的交替发生在坡面各处并没有明显的界限,即使坡长每增加相同的长度,其径流能量的状态也可能并不一致,且径流形成后在沿坡面向下流动过程中,侵蚀沉积具有明显空间变异性,在坡面不同部位沉积与侵蚀程度不同[179]。因此,径流含沙量随坡长的延长呈波动变化趋势。前人对相关方面的研究同样表明,随着坡长的增加,坡面反复出现侵蚀—沉积占主导作用或侵蚀—搬运占主导作用的现象[5],细沟与坡面侵蚀产沙密切相关,而细沟的发育具有一定的随机性,故侵蚀产沙的空间分布亦具有随机性与复杂性[98]。

表 5-5　坡长每延长 1 m 时相应径流含沙量增量

雨强 (mm/h)	径流含沙量增量(kg/m³)			
	坡长由 1 m 延长到 2 m	坡长由 2 m 延长到 3 m	坡长由 3 m 延长到 4 m	坡长由 4 m 延长到 5 m
35	33.93	−15.85	37.59	−18.87
60	34.74	27.78	60.72	−35.99
80	−5.75	132.19	−54.90	37.94
125	176.18	348.02	−425.71	168.55

5.3.2　雨强对径流含沙量的影响

雨强影响径流量、侵蚀量随坡长的变化过程[227],研究表明,$I_{30} < 0.25$ mm/min 时,坡长愈长,单位面积侵蚀量愈少,$I_{30} > 0.25$ mm/min 时,坡长愈长,单位面积侵蚀量愈大,特别是当 $I_{30} > 0.75$ mm/min 时,随着坡长的增大,单位面积侵蚀量的增长率显著增加[228]。试验结果显示,坡长 1~5 m 坡面径流含沙量整体呈增加趋势(见图 5-8),但在雨强由 60 mm/h 增加至 80 mm/h 时增量最小,且坡长 2 m 和 4 m 时含沙量增量为负值(增幅分别为−33.259 kg/m³、−44.464 kg/m³)。一般地,坡面流的能量主要用于自身流动所需、剥蚀土壤消耗、挟带搬运泥沙消耗,随着坡长及雨强的增大,坡面径流侵蚀能力不断增强。在一定坡长范围内径流能量足以剥蚀并运移泥沙,但随着坡长的延长,坡面泥沙不断进入水流,径流需要消耗更多的能量输移泥沙,而不足以支撑剥蚀泥沙耗能[222],泥沙剥蚀量减小。另外,含沙量是产沙量与径流量的比值,坡长 2 m 时,雨强由 60 mm/h 增加到 80 mm/h,降雨总径流量呈增大趋势,总产沙量略有减少(分别为 0.144 kg、0.139 kg);坡长 4 m,雨强 80 mm/h 时径流量是 60 mm/h 时的 1.34 倍,而产沙量则为前者的 1.05 倍,径流量的增加速率大于产沙量的增加速率,也可能是导致其含沙量呈负值的原因。雨强由 80 mm/h 增加至 125 mm/h 时,坡长 1~5 m 的含沙量增幅最显著,分别为 114.588 kg/m³、296.513 kg/m³、512.343 kg/m³、141.537 kg/m³、272.149 kg/m³。分析其原因,相同时间内降雨量随雨强的增大而增大,当降雨强度超过土壤的入渗能力时,地表径流大幅增加导致其侵蚀能力增强,含沙量随之增多。且对裸坡面而言,雨滴降落直接接触坡面,雨强较小时,对土表的击溅作用小,降雨除去入渗后形成的径流量较少,其冲刷侵蚀动力不足以引起较多的泥沙颗粒,因而含沙量小,随着雨强的增大,雨滴击溅能力增大,易形成被径流冲刷运移的细小颗粒,从而侵蚀增多。研究表明,当雨强超过某一强度时,坡面容易产生细沟侵蚀,径流与泥沙大量汇聚于细沟中,增强水流的侵蚀能力[229],促使含沙量急剧增加,使其在较短坡长上即可达到峰值,且本试验设计坡度 20°属于易引起细沟侵蚀的坡度范围(10°~35°)[230]。雨强 35 mm/h 与 60 mm/h 时,径流含沙量达到峰值的临界坡长一致为 4 m,其值分别为 76.818 kg/m³、201.924 kg/m³,雨强 80 mm/h 与 125 mm/h 时,径流含沙量达到峰值的临界坡长同为 3 m,其值分别为 212.361 kg/m³、724.704 kg/m³。由此可见,随着雨强的增大,临界坡长有所减小,此研究结论与刘纪根等[231]的结论一致,初步建议在离石黄土区当雨强小于 60 mm/h 时,以 4~5 m 为步长,当雨强大于 60 mm/h 时,以 3~4 m 为步长布设植物措施,以缓解坡面水土流失。

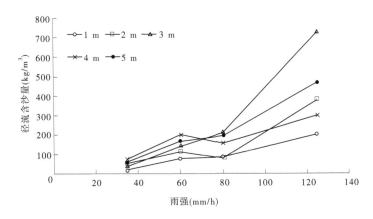

图 5-8　径流含沙量与雨强的关系

5.3.3　坡长、雨强与含沙量的相关分析

为进一步对比分析坡长与雨强对含沙量的影响程度,相关分析结果表明,

雨强与含沙量在 0.01 水平上呈显著正相关,其相关系数为 0.788,而坡长与含沙量相关系数仅为 0.236,说明雨强对坡面径流含沙量的影响较坡长大。剔除"坡长"变量的影响,将雨强与含沙量的关系进行偏相关分析,其偏相关系数为 0.810,剔除"雨强"变量的影响,坡长与含沙量的偏相关系数为 0.383,较简单相关系数 0.236 大,说明二者对含沙量均有较大影响。通过分析土壤侵蚀机制可知,土壤团聚体的破坏是引起土壤流失的主要原因,而雨滴打击和坡面薄层水流为破碎团聚体的流失提供了动力条件[232],降雨强度越大,其提供的打击动力就越大,产流产沙量就越多。坡长作为地形因素之一,对土壤侵蚀会产生一定影响,但并未为侵蚀过程提供动力基础,且坡面水沙输移过程复杂,土壤密实度、饱和度、径流流速等均会影响出口断面的泥沙量,随着坡长的增加,虽增大了承雨面积,但也为泥沙沉积提供了条件,且坡长与含沙量的关系易受到土壤、降雨方法、试验过程等主客观条件的影响,故在本次试验中,坡长对径流含沙量的影响较小。

将降雨过程中的实测数据进行回归分析,得出线性拟合回归模型:

$$S = 27.775L + 3.979I - 194.220 \quad R^2 = 0.68$$

式中:S 为坡面径流含沙量,kg;L 为坡长,m;I 为雨强,mm/h。

模型方差分析表明统计量 $F = 17.729$,其相伴概率值 $P < 0.001$,说明含沙量与坡长、雨强之间存在线性回归关系,该模型有一定意义。

5.4 小　　结

在室内人工模拟降雨试验的基础上,本章主要探讨了降雨条件下,晋西黄绵土裸坡面坡长对径流水动力学特征、输沙及含沙量的影响,得出如下结论:

(1)雨强 30~125 mm/h,1~5 m 坡长坡面薄层径流为层流且为急流;相同坡长下,径流雷诺数随雨强的增大而增大,且雨强越大紊动性越强;相同雨强下,径流雷诺数随坡长的延长呈增加趋势,且坡长越长雷诺数增加的幅度越大;径流流态对坡面薄层水流侵蚀力有显著影响,产沙量与雷诺数在 0.01 水平上呈极显著正相关关系(相关系数 0.76),可用幂函数表达。

(2)坡长、雨强与平均径流深、径流流速、径流剪切力在 0.01 水平上均呈极显著正相关关系,坡长与三者的相关系数为 0.615、0.568、0.578,雨强与三者的相关系数为 0.730、0.751、0.751;雨强对于三者的影响较坡长显著,但当坡长、雨强同时作用于径流剪切力时存在一定的相互制约作用;剪切力与坡长、雨强具有显著线性函数关系($R^2 > 0.89$)。

（3）雨强与坡长均对输沙率有显著影响。相同坡长下,输沙率随雨强的增大而增加,雨强达到 60 mm/h 时,各坡长输沙率陡然增大,输沙率随坡长的延长整体呈增大趋势,雨强越大,输沙率波动越明显,增幅越大。

（4）雨强大于 60 mm/h 时,坡长由 3 m 延长到 4 m 时输沙率增量较由 2 m 延长到 3 m 与由 4 m 延长到 5 m 时小,雨强越大下降幅度越大,建议雨强大于 60 mm/h 时需重点监测水土流失。此外,输沙率与径流量具有良好的正相关关系,可用幂函数表示。

（5）径流含沙量随坡长的延长呈波动变化趋势,随雨强增加整体呈增大趋势,坡长 1~5 m 时含沙量随雨强的增大整体呈增加趋势,但在 60~80 mm/h 雨强时增幅最小,甚至坡长 2 m 和 4 m 时增量为负值,该雨强范围内径流量的增长率大于产沙量的增长率是引起此种现象的主要原因;雨强增大时,含沙量达到峰值的临界坡长有所减小(雨强 ≤60 mm/h 时临界坡长为 4 m,雨强 > 60 mm/h 时为 3 m)。

（6）坡长每延长相同长度,含沙量增量不相等,且无明显变化规律,35 mm/h 与 60 mm/h 雨强时,坡长由 3 m 延长到 4 m 增量最大,80 mm/h 与 125 mm/h 雨强时,坡长由 2 m 延长到 3 m 含沙量增量最大。因此,初步建议在离石黄土区,当雨强小于 60 mm/h 时,以 4~5 m 为间隔,当雨强大于 60 mm/h 时,以 3~4 m 为间隔布设水土保持措施,以防止水土流失。

（7）雨强与含沙量在 0.01 水平上呈显著正相关(相关系数为 0.788),坡长与含沙量的相关系数为 0.236,说明雨强较坡长对含沙量的影响大,而偏相关分析显示二者单独对含沙量均有较大影响(偏相关系数分别为 0.810、0.383),但就这两个变量而言,雨强是影响径流含沙量的主要因素,二者与含沙量的关系可用线性方程描述($R^2 = 0.68$)。

第6章 坡面细沟形态及其对产流产沙的影响

细沟侵蚀是黄土高原坡耕地土壤侵蚀的主要方式之一[233],细沟形态在演变过程中,通过分叉、宽度、深度及长度等因素,改变细沟内水流结构,进而影响坡面侵蚀过程中的径流和产沙量,引起水沙过程发生显著变化,影响和决定坡面径流及泥沙输移规律。细沟侵蚀带走大量的泥沙,造成严重的土壤侵蚀,其形成加剧了坡面的侵蚀产沙,细沟发育及其塑造的侵蚀形态改变着坡面微地貌,对坡面侵蚀动力机制有重要的影响。因此,从坡面微地貌角度出发研究细沟的发育对坡面侵蚀产沙的影响具有重要的意义,也是当前坡面侵蚀研究领域的热点问题[234]。本章采用室内人工模拟降雨试验方法,选取细沟密度、细沟割裂度和细沟宽深比3个细沟形态指标,对晋西黄绵土坡面细沟形态演变特征进行分析,并探讨了不同坡长、雨强条件下坡面细沟形态对侵蚀产沙规律的影响。

6.1 细沟形态特征指标分析

细沟形态特征指标是由细沟基本形态衍生的用于表征坡面细沟形态的指标,主要选取细沟密度、细沟割裂度和细沟宽深比3个指标来对比描述。不同雨强和坡长下的坡面细沟形态差异如表6-1所示。

表 6-1 不同坡长和雨强下坡面细沟形态特征指标

坡长 L (m)	降雨强度 R (mm/h)	细沟形态特征指标		
		细沟密度 D_s (m/m²)	细沟割裂度	细沟宽深比
3	90	—	—	—
	100	0.503	0.013	2.701
	110	0.611	0.017	2.208
	120	0.660	0.021	1.907

续表 6-1

坡长 L （m）	降雨强度 R （mm/h）	细沟形态特征指标		
		细沟密度 D_s （m/m^2）	细沟割裂度	细沟宽深比
4	90	0.600	0.018	2.023
	100	0.724	0.015	2.008
	110	0.699	0.020	1.609
	120	0.714	0.024	1.508
5	90	0.682	0.017	1.013
	100	0.747	0.018	1.705
	110	0.727	0.022	1.207
	120	0.783	0.026	0.902

6.1.1　细沟密度

不同坡长、雨强下细沟形态特征指标显示（见表 6-1），细沟密度随坡长和雨强的增加而增大。90 mm/h 雨强、3 m 坡长时，无细沟形态指标数据。原因可能是坡长较短，坡面汇水面积小，坡面形成的跌坎尚未贯通形成细沟。试验结果显示，坡长 3~5 m，雨强由 90 mm/h 增大到 120 mm/h 时，细沟密度在 0.503~0.783 m/m^2 变化。降雨强度由 100 mm/h 增加到 110 mm/h 及由 110 mm/h 增加到 120 mm/h 时，细沟密度的平均增加率分别为 5.1% 和 6.4%，表明随着雨强的增大，细沟密度增加，且雨强越大平均增加率越大。然而，结果显示细沟密度随坡长增大而增大，但平均增加率呈减小趋势，如当坡长由 3 m 增加到 4 m 及由 4 m 增加到 5 m 时，细沟密度平均增加率分别为 19.8% 和 5.7%。

分析其原因，一方面，随着雨强增加，雨滴直径增大，对坡面表层土壤的击溅能力明显增强，同时，土壤水分入渗减弱，形成超渗产流，使得单位时间内坡面径流量增大，径流侵蚀能力增强，细沟密度增大。另一方面，坡长增大时，坡面汇水面积增大，径流沿坡面不断积累，加之雨滴的击溅作用，径流紊动性增强，从而使得其侵蚀破坏能力增强，细沟密度增加。但当坡长较长时，径流含沙量增加，水体能量被泥沙负荷消耗而有所减小，所以细沟密度的平均增加率减小。由于细沟密度随坡长的增长率大于随雨强的增长率,则可以认为坡长对细沟密度的影响比雨强更为敏感。因此,对于晋西黄绵土坡面,建议优先考虑通过控制坡长来降低细沟侵蚀,从而减弱降雨条件下坡面破碎程度。而郭明明等[84]对矿区土质道路的研究则表明雨强对细沟密度的影响更为敏感,与本试验的结果有差异,其原因主要是土壤质地和土体结构不同。

6.1.2 细沟割裂度

细沟割裂度包含溯源侵蚀和沟壁崩塌侵蚀的双重影响,可以更好地描述细沟侵蚀破坏程度,对农业生产和生态环境保护有重要的指导意义。试验结果显示,细沟割裂度随坡长和雨强的增加而增大,其变化趋势与细沟密度相似(见表 6-1)。坡长 3~5 m,雨强由 90 mm/h 增大到 120 mm/h 时,细沟割裂度由 0.013 增大到 0.026。当降雨强度由 100 mm/h 增加到 110 mm/h 及由 110 mm/h 增加到 120 mm/h 时,细沟割裂度的平均增长率分别为 28.7% 和 20.6%。说明虽然细沟割裂度随着雨强的增大而增大,但其增加率呈减小趋势。同样,当坡长由 3 m 增加到 4 m 及由 4 m 增加到 5 m 时,细沟割裂度的平均增长率分别为 15.8% 和 12.8%,说明细沟割裂度虽然随坡长增加而增大,但其增加率在减小。原因可能是随着雨强和坡长的增大,坡面径流量和汇水面积增大,径流侵蚀能力增强,使得细沟长度延长的同时,沟壁坍塌使得细沟宽度增大,从而导致细沟割裂度整体呈增大趋势。然而,径流含沙量随雨强与坡长增大的同时,将消耗更多的径流能量用于输移泥沙,导致细沟割裂度的平均增长率有所减小。数据显示,降雨强度较坡长对细沟割裂度的影响更敏感,此结论与沈海鸥等[234]的研究结果一致。

6.1.3 细沟宽深比

细沟宽深比主要反映细沟沟槽的形状变化,可以作为坡面细沟发育方向和能力的重要参考指标。试验结果显示,细沟的宽深比大致随坡长和雨强的增大而减小(见表 6-1)。降雨强度由 100 mm/h 增加到 110 mm/h 及由 110 mm/h 增加到 120 mm/h 时,细沟宽深比的平均减小率为 22.6% 和 15.0%,而坡长由 3 m 增加到 4 m 及由 4 m 增加到 5 m 时,细沟宽深比的平均减小率为 24.8% 和 26.7%,说明随着雨强和坡长的增大,细沟下切侵蚀的速率大于沟壁坍塌的速率。原因可能主要是,随着坡长和雨强的增大,径流路径增大,坡面径流量迅速汇聚,进入细沟内的水流充沛,水流的冲力使得下切沟底侵蚀急剧增加,当下切侵蚀发展到一定程度时,才会发生沟壁坍塌现象,从而导致下切侵蚀速率大于沟壁坍塌速率,因而细沟沟壁崩塌侵蚀增幅较小,细沟宽深比减小幅度明显。数据显示,坡长对细沟宽深比的影响较降雨强度更加敏感。牛耀彬等[235]通过对工程堆积体坡面细沟发育过程研究表明,其沟深和沟宽发育迅速,宽深比变化快且幅度大,与黄绵土坡面差异较大,产生差异的主要原因在于工程堆积体下垫面与黄绵土相比土壤结构非常疏松,抗蚀性差,极易形成细沟。

以上 3 个细沟形态指标能够比较全面地描述坡面细沟形态特征,为细沟形态特征方面的研究提供指导。研究结果显示,晋西黄绵土坡面降雨强度对细沟割裂度的影响更加敏感,而坡长对细沟密度和细沟宽深比的影响更加敏感。因此,该区在研究降雨强度对细沟形态的影响时,建议采用细沟割裂度指标;在分析坡长对细沟形态的影响时,建议优先采用细沟密度和细沟宽深比指标。

6.2　细沟形态的演变

图 6-1 为试验中拍摄的黄土裸坡面不同雨强降雨后的细沟侵蚀形态。为了观测细沟演变情况,本研究为连续降雨,以雨强依次为 70 mm/h、80 mm/h、90 mm/h、100 mm/h 时 5 m 坡长坡面上一条主要细沟的发展形态演变为例。试验观察到随着降雨强度的增大,由面蚀所产生的微小细沟在径流冲刷作用下,长、宽、深度均不断增大,相继表现为跌坎—细沟—细沟网—细沟崩塌现象。70 mm/h 雨强降雨后坡面出现跌坎和小细沟,跌坎在降雨与径流的共同作用下不断下切加深并溯源向上延伸,同时向两侧拓宽,最终跌坑逐渐发生贯通,相互连接形成断续细沟,在坡底中间部位出现了一条明显的细沟流路,测得细沟长 56 cm、宽 1.5 cm、深 0.7 cm,细沟距坡顶处 226 cm。80 mm/h 雨强降雨后,在原有基础上坡面新增诸多小的细沟,细沟网络雏形显现。试验观察到,坡面原有细沟开始出现分叉现象,且由于径流的侵蚀作用,细沟受到径流切割溯源侵蚀与下切侵蚀进一步增强,沟道纵向发展较横向发展迅速,测得最大沟长增加至 1.72 m,且在坡面下部新增几条断续细沟,雨强的增大导致坡面径流量及其挟沙能力增加,侵蚀沟加深明显,最深处达 4.3 cm。随着雨强进一步增大,径流量也进一步增大,此时坡面侵蚀方式已由薄层水流挟带输移转变为股流冲刷坡面,90 mm/h 雨强降雨结束后,坡面原有细沟发生合并,沟头前进、沟底下切、沟岸扩张非常明显,其宽度和深度较 80 mm/h 降雨后分别增大了 2.3 倍和 3.0 倍,长度增加了 1.4 倍。100 mm/h 降雨结束后,侵蚀猛

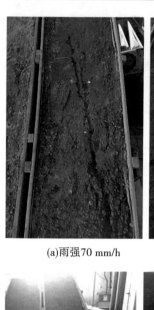

| (a)雨强70 mm/h | (b)雨强80 mm/h |

| (c)雨强90 mm/h | (d)雨强100 mm/h |

图 6-1　细沟形态演变

烈发展,沟底下切与沟壁坍塌明显加剧,形成一条最大沟宽 7.5 cm、最深处达 5 cm 的细沟,坡面下部尤为剧烈。土壤性质对细沟发育有重要的影响,和继军等[236]通过对比垆土和黄绵土的细沟发育过程,发现垆土的细沟主要沿坡面方向呈近似直线状发育,细沟之间为明显的平行关系,且整个坡面布满贯穿整个坡长的细沟;而黄绵土坡面细沟的形态特征和位置有很大的随机性,沿坡长的沿程变化较大,细沟发育时崩塌作用较为频繁,原因可能在于垆土有机质和水稳定性团聚体含量明显要高于黄绵土,整体的稳定性要好,细沟发育过程中有很好的规律性;而黄绵土整体稳定性较差,加上其沙粒含量高,土体质地疏松多孔,这样在径流冲刷及土体内部水分作用下,细沟发育的随机性较大。

6.3　细沟侵蚀过程中坡面产流产沙率的变化

6.3.1　坡面平均产流率的变化

如图 6-2 所示,晋西黄绵土坡面平均产流率随坡长的变化可用线性函数描述($R^2>0.95$),雨强由 70 mm/h 增大到 120 mm/h 时,线性函数的系数为正,由 0.266 增大到 0.833,说明坡面平均产流率随坡长的增大呈增大的趋势,且随雨强增大而增大。汪晓勇等[5]在研究黄土坡面坡长对侵蚀搬运的影响时发现,当坡长大于 2 m 时,径流量随坡长和雨强的增加而显著增大,与本试验研究结果基本一致。2 m 坡长产流率由 70 mm/h 时的 0.51 L/min 增大到 120 mm/h 时的 2.13 L/min,增加了 1.26 L/min;3 m、4 m、5 m 坡长的增加量分别为 2.36 L/min、3.11 L/min 及 3.26 L/min。

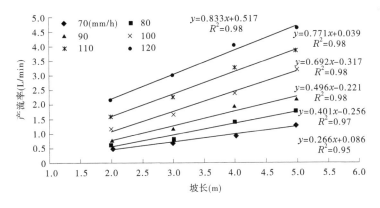

图 6-2　平均产流率随坡长的变化

分析其原因主要为:第一,坡长的增加使得坡面的承雨面积增大,坡面径流汇流面积急剧增大,导致径流量和径流速率迅速增加,坡面产流率增大;第二,雨强增大时,降雨时形成的雨滴直径和降落到坡面时的速度都增大,雨滴的动能增加,其产生的径流量也增大;且由于雨滴对坡面的击溅力增强,降雨击溅产生的土壤颗粒堵塞了土壤孔隙,导致土壤的渗流量远小于降雨量,坡面短时间内形成的径流量剧增,平均产流率增加;第三,根据细沟形态分析可知,坡面细沟割裂度与细沟密度反映坡面的破碎程度,二者均随雨强、坡长的增大而增大。相关分析表明(见表 6-2),坡面产流率与细沟割裂度在 0.01 水平上呈极显著正相关关系,相关系数达到 0.970;与细沟密度在 0.05 水平上呈显著正相关关系,相关系数为 0.759。100 mm/h 雨强时,线性函数的系数为 0.692,比 90 mm/h 雨强时的 0.496 增加了 0.196,平均产流率增幅最大,由坡面细沟形态的分析可知,其主要原因可能是 100 mm/h 雨强时细沟猛烈发展,沟底下切和沟岸扩张急剧增大,甚至出现沟壁崩塌,在坡面上形成了固定的细沟槽,此时,坡面降雨形成的径流不再呈现薄层形态,而是迅速汇集到细沟沟槽内,形成大股股流形态,径流流速急剧增大,因而平均产流率增幅最大。

表 6-2 细沟形态指标与坡面产流率、产沙率的相关关系矩阵

	坡面产沙率 $S_r(\mathrm{g/min})$	坡面产流率 $q(\mathrm{L/min})$	细沟密度 $D_s(\mathrm{m/m^2})$	细沟割裂度	细沟宽深比
坡面产沙率 $S_r(\mathrm{g/min})$	1.000				
坡面产流率 $q(\mathrm{L/min})$	0.960**	1.000			
细沟密度 $D_s(\mathrm{m/m^2})$	0.711*	0.759*	1.000		
细沟割裂度	0.973**	0.970**	0.689*	1.000	
细沟宽深比	-0.869**	-0.949**	-0.880**	-0.897**	1.000

注:* $p<0.05$;** $p<0.01$;$N=9$。

将试验所得径流数据进行回归分析,所得的产流率回归分析模型如下:

$$q = 0.043I + 0.477L - 3.735 \quad R^2 = 0.892$$

式中:q 为平均产流率,L/min;I 为雨强,mm/h;L 为坡长,m。

该回归模型的拟合优度为 0.892,模型方差分析得出的 F 统计量对应 P 值远小于 0.05,说明该线性模型的拟合度较高,即坡长和雨强对黄绵土坡面平均产流率的影响可以用该线性模型描述。

6.3.2 坡面平均产沙率的变化

试验结果如图 6-3 所示,坡面平均产沙率随坡长的变化情况与平均产流

率的趋势基本一致,即随坡长的增加而增大,二者的关系可用幂函数表示($R^2>0.96$)。坡长为 2 m 时,细沟侵蚀产沙率由 70 mm/h 时的 12.39 g/min 增大到 120 mm/h 时的 52.57 g/min,增加量为 40.18 g/min;坡长为 3 m、4 m 和 5 m 时,产沙率的增量分别为 71.67 g/min、108.06 g/min 和 161.9 g/min,分别为 2 m 坡长时的 1.78 倍、2.68 倍和 4.03 倍,明显可以看出,坡长由 4 m 增大到 5 m 时产沙率增幅最大。原因可能主要是,雨强不变时,坡长越长,土壤表面可供侵蚀的物质来源越多,而由产流过程分析知,坡长增加时坡面产流率增大,坡面水流流速及水流剪切力大,其挟带泥沙的能力增强,导致坡面侵蚀产沙率进一步增加。另外,由细沟形态分析可知,5 m 坡长细沟发育最快,导致平均产沙率增幅最大。雨强由 70 mm/h 增大到 120 mm/h 时,幂函数系数由 4.4167 增大到 18.368,说明平均侵蚀产沙率随雨强的增大也呈递增趋势。70 mm/h 雨强时,坡长为 2 m 时的产沙率为 12.39 g/min,坡长为 5 m 时产沙率增加到 42.61 g/min,侵蚀产沙率增量为 30.22 g/min。同理可得,80~120 mm/h 雨强时,坡长由 2 m 延长到 5 m,侵蚀产沙率增量分别为 53.08 g/min、53.50 g/min、86.71 g/min、118.75 g/min 和 135.96 g/min。由于本试验下垫面为裸坡,雨滴对坡面的击溅侵蚀严重,雨强增大时,雨滴动能增加导致雨滴击溅能力更强,产沙率增加;而雨滴击溅产生的土壤小颗粒阻塞了土壤孔隙,坡面径流率增大,径流较强的冲刷力挟带更多的泥沙,使得侵蚀产沙率增加。另外,结果显示,雨强自 100 mm/h 开始产沙率增幅明显,沟底下切和沟壁坍塌的频繁发生是其主要原因[237],试验观察到 100 mm/h 雨强下坡面细沟的溯源侵蚀、沟底下切与沟壁坍塌明显加剧,使得径流呈股流形态,坡面产沙率显著增加。细沟割裂度与细沟密度均反映坡面的破碎程度,包括溯源侵蚀与沟壁坍塌侵蚀的双重影响,坡面产沙率与细沟割裂度在 0.01 水平上呈极显著正相关关系,相关系数达 0.973,与细沟密度在 0.05 水平上呈显著正相关关系,相关系数为 0.711(见表 6-3)。

为了进一步分析产沙率与坡长、雨强的变化规律,将降雨试验过程中的实测产沙数据进行回归分析,计算出线性回归模型如下:

$$S_r = 1.575I + 21.684L - 157.091 \quad R^2 = 0.828$$

式中:S_r 为平均产沙率,g/min;I 为雨强,mm/h;L 为坡长,m。

该回归模型的决定系数为 0.83,模型方差分析得出 F 统计量对应的 P 值远小于 0.05,说明该模型整体是显著的,坡长和雨强对黄绵土坡面侵蚀产沙率的影响也可以用线性模型来描述。

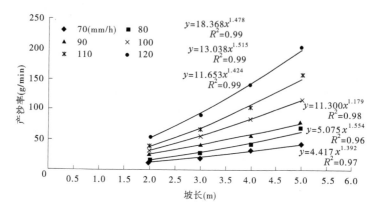

图 6-3　平均产沙率随坡长的变化

6.4　小　　结

（1）晋西黄绵土坡面细沟侵蚀形态变化过程为：细沟从坡面的中下部开始发育，相继表现为跌坎—细沟—细沟网—细沟崩塌，由于土壤整体稳定性差，且土质疏松多孔，细沟发育的随机性较大。

（2）细沟形态特征指标数据显示，细沟密度和细沟割裂度随坡长和雨强的增大而增大，细沟的宽深比随坡长和雨强的增大而减小。该区在研究降雨强度对细沟形态的影响时，建议采用细沟割裂度指标；在分析坡长对细沟形态的影响时，建议优先采用细沟密度和细沟宽深比指标。

（3）晋西黄绵土坡面平均产流率与产沙率均随坡长和雨强的增大而显著增加。平均产流率随坡长的变化可用线性函数描述（$R^2 > 0.95$）；平均侵蚀产沙率与坡长的关系可用幂函数描述（$R^2 > 0.96$）。

（4）相关性分析表明，坡面平均产流率与细沟割裂度的相关性最显著，相关系数为 0.970；100 mm/h 雨强时细沟产流率的增幅最大；产沙率与细沟密度、割裂度在 0.01 水平上呈极显著正相关关系。

第7章　EUROSEM 模型对坡面
侵蚀过程的模拟

土壤侵蚀模型是预报水土流失的有效工具,是土壤侵蚀过程定量研究的有效手段。国内外学者运用土壤侵蚀模型在黄土高原进行了大量的土壤侵蚀过程研究,国内学者开发出了有针对性的土壤侵蚀模型。EUROSEM 模型是基于坡面径流小区观测发展起来的,主要用于模拟和预测坡面与小流域的水土流失,且能将单次降雨初始条件指定为数据输入,其优势在于不用大量的有关气候和土地利用条件变化的输入数据,符合研究区降雨特征和需求,且未见在晋西黄绵土坡面土壤侵蚀研究中应用。因此,本章基于不同坡长(2 m、3 m、4 m)与雨强(60 mm/h、90 mm/h、120 mm/h)组合方式下的野外人工模拟降雨试验,应用 EUROSEM 模型对坡面径流侵蚀过程及产流产沙量进行模拟,通过对比分析模拟值与实测值,评价该模型对晋西黄绵土坡面土壤侵蚀过程的模拟效果及在该区的适用性。

7.1　EUROSEM 模型分析

EUROSEM 模型是一个基于过程的单一事件模型,通过对土壤侵蚀过程的物理描述,以分钟为时间单位模拟次降雨条件下地块或小流域侵蚀过程[131]。它主要涉及植被对降雨的截留、下渗、雨滴溅蚀和径流侵蚀、径流搬运和泥沙沉积。该模型由模块化结构组成,可以与地理信息系统进行无缝链接,它将自身链接到 KINEROS 模型的水沙运动结构中来模拟侵蚀,水沙通过一系列相互连接的均匀斜坡面和沟道要素在地表运动,其中要素特征可参数化。在模型运算中,通过参数设置来描述地形及降雨特征。

试验在晋西黄绵土坡面进行,故只考虑坡面要素,从 3 个坡长的径流小区中各选择一个来设定 EUROSEM 模型的参数。土壤比重(RHOS)通过比重瓶法测定,并结合环刀取土计算土壤孔隙度(POR),初始土壤含水量(THI)通过烘干称重获得,而雨滴冲击土壤颗粒可分散性(EROD)、土壤聚合度(COH)、坡面糙率(RFR)、入渗滞后因子(RECS)则参考 Morgan 等给出的参考值,饱和导水率(FEIN)、毛细管张力(G)、曼宁系数(MANN)通过不断改变输入参数数值并将模拟结果与实测值进行对比而确定(见表7-1)。

表 7-1　EUROSEM 模型主要参数值

参数	取值范围	设定值
EROD(g/J)	1.0~3.1	1.7
COH(kPa)	1~4	2
RFR	17~23	17
RECS(mm)	—	15
FEIN(mm/h)	7~190	—
G(mm)	98~526	248
MANN(m$^{1/6}$)	—	—

7.2　坡面产流率变化特征

7.2.1　不同坡长、雨强下坡面产流过程

　　坡度为 20°、不同雨强和坡长条件下,产流率随降雨时间的延长总体上呈增大趋势,在开始产流后的 5 min 内增速很快,达到产流率峰值的 77%~94%,后逐渐变缓并基本趋于稳定,模拟结果与实测结果具有相似的变化趋势(见图 7-1)。分析其原因,降雨初期土壤入渗强度大于降雨强度,降雨全部下渗,不产生地表径流。随着降雨的持续,土壤含水量不断增大,表土孔隙也在雨滴的击溅作用下发生改变,土壤入渗能力迅速减小至低于降雨强度,坡面开始产流,且产流率迅速增大。在产流开始约 5 min 后,由于土壤含水率及表土孔隙变化减小,土壤入渗率基本趋于稳定,产流率也相应趋于稳定。此外,随着降雨强度的增大,坡面单位时间所承受的雨量增大,雨滴动能也增大,土壤入渗率达到相对稳定的时间缩短,所以一定坡长条件下降雨强度越大,产流率越大且产流率达到峰值所需时间越短,孙佳美等[238]也指出,降雨强度越大,达到产流稳定状态的时间越短。

　　通过进一步分析次降雨产流量随坡长和雨强的变化可知,产流量随坡长和降雨强度的增大而增大。在降雨强度为 60 mm/h 时,坡长从 2 m 延长至 4 m,产流量增量为 0.106 m³,而在降雨强度为 90 mm/h 和 120 mm/h 时,其增量分别为前者的 1.281 倍和 1.401 倍,表明坡长对坡面产流量的影响随着降

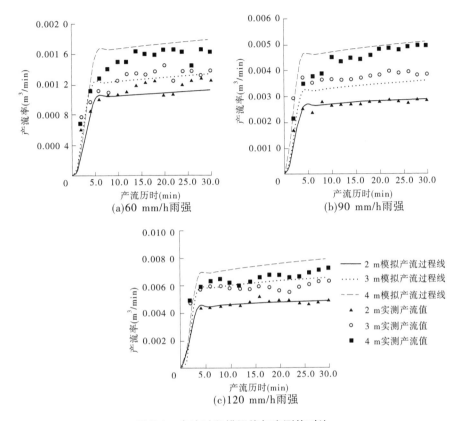

图 7-1　产流过程模拟值与实测值对比

雨强度的增大而增大。而降雨强度一定时,产流量随坡长的延长不成比例增加,坡长从 2 m 延长至 3 m、3 m 延长至 4 m,产流量增量在降雨强度为 60 mm/h 时为 0.046 m³、0.060 m³,90 mm/h 时为 0.073 m³、0.062 m³,120 mm/h 时为 0.086 m³、0.063 m³,说明降雨强度越大,坡长的延长对产流量增量的影响越显著。分析其原因,随着坡长的延长,承雨面积增大,单位时间内坡面承雨量增加,坡面下部径流流速加快,径流下渗会减少,随着降雨的进行,观察到坡面下部细沟的出现,导致坡面径流在短时间内汇集于细沟内,流出出口断面。而随着坡长延长,降雨强度增大,使得降雨击溅表土的机会增加,溅蚀力增强,表土孔隙改变,表土结皮经历周期性发展[239],而结皮的形成能在很大程度上降低土壤入渗率[240],增大坡面产流量,且雨滴动能越大,结皮硬度越大[241]。

7.2.2　坡长、雨强与产流率的关系

相关分析表明(见表7-2)，产流量与降雨强度呈极显著正相关关系，相关系数为0.948，而坡长与其相关系数仅为0.279，说明在降雨强度、坡长对产流量共同影响下，降雨强度与产流量的相关性较坡长大。在分别剔除坡长、降雨强度变量的影响时，降雨强度和坡长与产流量均呈极显著正相关关系，偏相关系数分别为0.987和0.878，说明两个变量共同作用时彼此制约了对产流量的影响，降雨强度很大程度上掩盖了坡长对产流量的影响程度。该结论与室内人工模拟降雨试验研究黄土陡坡产流量随坡长的变化过程得出的结论吻合。

表7-2　产流产沙总量与雨强、坡长的相关性分析

项目	相关分析	雨强	坡长
产流量	简单相关分析	0.948**	0.279
	偏相关分析	0.987**	0.878**
产沙量	简单相关分析	0.747*	0.558
	偏相关分析	0.900**	0.838**

注: $*P<0.05$, $**P<0.01$。

7.3　坡面产沙率变化特征

7.3.1　不同坡长、雨强下坡面产沙过程

分析不同雨强和坡长条件下实测坡面产沙率随产流历时的变化可知(见图7-2)，产流初期产沙率迅速增加，并在10 min内达到第一次峰值，之后随着产流历时延长在某一数值附近波动变化，而模型模拟结果则显示产沙率在波动增长后呈稳定趋势。可能由于产流初期雨滴直接打击土壤表面，分散剥离表层松散物质，使其随径流流出坡面出口处，而随着降雨时间的延长，产流量增加，增强了其对坡面的冲刷能力，使得产沙率急剧增大。但随着降雨的持续进行，产流量和径流挟沙能力逐渐达到稳定，且薄层水流厚度的增加和坡面结皮的形成也有效缓解了雨滴的溅蚀及径流对表土颗粒的冲刷，因此产沙率逐渐趋于稳定。然而，细沟的产生会引起产沙率的急剧增大，并表现出一定的波动性[242]。此外，在整个径流过程中，水流的能量分配是不断变化的，沟床泥

沙和被搬运泥沙在水流作用下不断发生交换,从而使得侵蚀和沉积过程交替进行[222],因此产沙率并不表现出平滑趋势,而是在某一数值附近波动,这一数值受降雨强度、坡长等因素影响。

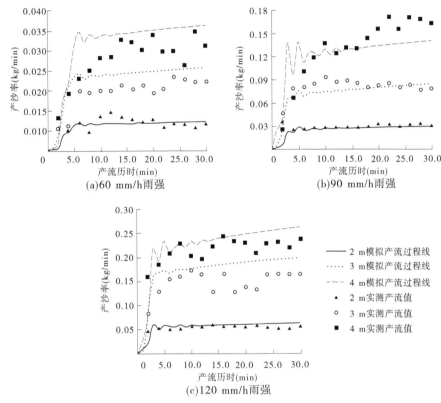

图 7-2　产沙过程模拟值与实测值对比

　　坡长和雨强是影响坡面径流侵蚀产沙的重要因素[188,243],实测坡面产沙量显示,产沙量随坡长的延长和降雨强度的增加急剧增加,王占礼等[244]研究黄土裸坡土壤侵蚀过程指出,坡度为 20°时不同降雨强度下产沙总量与坡长具有显著的幂函数关系。在 60 mm/h、90 mm/h 及 120 mm/h 这三种降雨强度下,随着坡长的延长,产沙量呈增长趋势,但其增量存在减小情况,坡长从 2 m 延长至 3 m,产沙量分别增加了 0.226 kg、1.512 kg、2.788 kg,而从 3 m 延长至 4 m 时,则增加了 0.250 kg、1.510 kg、2.040 kg,说明雨强大于 60 mm/h 时,坡长由 2 m 延长至 3 m 产沙量明显增大,而由 3 m 延长至 4 m 时增量有所减小。分析其原因,随着坡长的延长,侵蚀面积增大,可供溅蚀的物质增多,且径流所具有的重力势能也增大,转换成的动能相应增大,即侵蚀动力增大。此外,细沟的形成和发展直接影响着坡面产沙过程[91],而随着坡长延长,细沟侵蚀加剧[245],所以坡面产沙量必然随坡长的延长而增大。但随着坡长延长,径流含沙量增加,水体能量主要消耗于泥沙的搬运,径流参与侵蚀的能力减小,所以产沙量增量会减小。随坡长延长,产流量也表现出这一规律,结合晋西黄土坡面室内模拟试验结论[167],推断 4 m 坡长为该研究区产流产沙量增量减小的临界坡长,初步建议,以 4 m 为间隔布设水土保持措施,以减缓坡面水土流失。当降雨强度为 60 mm/h,坡长由 2 m 延长至 4 m 时,坡面产沙量增量为 0.476 kg;当降雨强度为 90 mm/h 和 120 mm/h 时,坡面产沙量分别增长到了 60 mm/h 时的 6.348 倍和 10.122 倍。除雨滴能量这一因素外,降雨强度越大,坡面产流量越大,挟沙能力越强,而且降雨强度的增大使得径流紊动性增强[246],侵蚀能力相应增大。各种因素相叠加,导致了坡面产沙量随降雨强度的增大显著增加。

7.3.2　坡长、雨强与产沙率的关系

相关分析表明(见表 7-2),产沙量与降雨强度呈显著正相关关系,相关系数为 0.747,与坡长之间的相关系数为 0.558,而在分别剔除坡长、降雨强度变量的影响时,降雨强度和坡长与产沙量之间的偏相关系数分别为 0.900 和 0.838。说明降雨强度、坡长在对产沙量共同作用时,降雨强度与产沙量的相关性较坡长大,而此时两者对彼此都有一定的制约,当排除一个变量的影响,研究另一个变量对产沙量的作用时,二者均对其有很大的影响。

7.4　EUROSEM 模型的适用性评价

图 7-1、图 7-2 显示 EUROSEM 模型可对产流产沙过程进行较为细致的模拟,且对产流过程的模拟效果较产沙好,而良好的模拟产流过程是模拟侵蚀产沙的基础[131]。在产流过程模拟中,产流率峰值出现时间与实测值稍有偏差,且坡长为 2 m、3 m 时,实测值整体在模型模拟值附近波动变化。而在 4 m 时实测值几乎均小于模型模拟值,但产流率达到峰值时,其相对误差 RE 在不同雨强条件下分别为 3.50%、2.70% 和 9.85%。在产沙过程模拟中,产沙率虽然都呈增长趋势,但产沙率峰值首次出现时间却较实测值提前了约 5 min,其主要原因可能是在模型中细沟侵蚀由预先设定好的参数进行模拟,而在实际产流过程中,细沟存在发育过程,该阶段使得模型模拟结果与试验结果产生了时

间差。由于与模型建立的试验土质不同,实测产沙率峰值出现的时间间隔也要长于模拟值。总体而言,雨强一定的条件下,产流产沙率实测值与模拟值间的差值随着坡长的延长而增大。

在产流产沙过程模拟的基础上,整体来看,EUROSEM模型模拟效果较好,在晋西黄土高原典型坡面上的应用比较成功。图7-3进一步表明,坡面产流产沙的模拟值与实测值呈显著线性关系(R^2均约为0.984)。相比而言,该模型对产流量的模拟效果较产沙量好,其效率系数ME高达0.978,模拟值与实测值相对误差RE范围为$-12.95\% \sim 9.04\%$,从产沙量的模拟效果来看,虽然ME为0.974,但其RE范围为$-14.72\% \sim 24.13\%$,以实际产沙量的20%为许可误差,RE合格率为89%。另外,对比不同坡长下实测值与模拟值(见图7-4)可知,模型模拟值与相应实测值间差值总体上随坡长的延长和雨强的增大而增大,可能由于模型无法应对降雨期间不断变化的水文条件和土壤特性[142],而且坡长越长,坡面侵蚀程度在不同坡段差异越大,降雨不仅引起土壤溅蚀,还能在土壤表面形成结皮[247]。4 m坡长条件下,产流产沙总量模拟值几乎均大于实测值,造成高估的原因可能是4 m为该研究区产流产沙量增量减小的临界坡长,而模拟初期产流产沙率过高,后期模拟值几乎仍略高于实测值(在雨强为90 mm/h时,产沙率后期波动较大,导致实际产沙总量大于模拟值)。

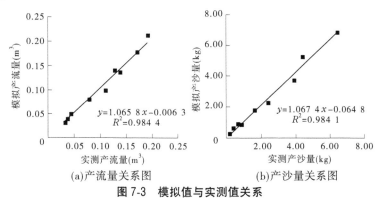

(a)产流量关系图　　　　　(b)产沙量关系图

图7-3　模拟值与实测值关系

由于坡面糙率、导水率、细沟形态等特征在不同场次降雨间可能发生变化,而在模型模拟过程中直接输入修正后的参数,导致模型参数输入的精确性方面可能有所欠缺。但总体而言,效率系数ME与相对误差RE均表明模型在模拟研究区产流产沙总量上效果良好,为精确模拟径流侵蚀产沙提供了良好的基础。

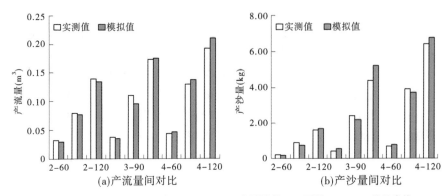

注:2-60 表示坡长 2 m,雨强 60 mm/h,3-60 表示坡长 3 m,雨强 60 mm/h,以此类推

图 7-4　模拟值与实测值对比

7.5　小　　结

基于野外人工模拟降雨试验实测数据,应用 EUROSEM 模型对晋西黄绵土坡面径流侵蚀产沙过程进行模拟,并对比分析实测结果与模拟结果,得出如下结论:

(1)雨强、坡长与产流产沙总量均为正相关关系,当二者共同作用于产流产沙量时,雨强较坡长对其影响大(雨强、坡长—产流量的相关系数分别为 0.948、0.279,雨强、坡长—产沙量的相关系数分别为 0.747、0.558),而偏相关分析显示二者单独对产流产沙总量均有很大的影响(雨强、坡长-产流量的偏相关系数分别为 0.987、0.878,雨强、坡长—产沙量的偏相关系数分别为 0.900、0.838)。

(2)雨强大于 60 mm/h,坡长由 3 m 延长至 4 m 时,产流产沙实测增量较 2 m 延长至 3 m 减小,且降雨强度越大,减幅越大。因此,初步建议在该区以 4 m 为间隔布设水土保持措施,以减缓水土流失。在 4 m 坡长条件下,产流产沙总量模拟值几乎均大于实测值。

(3)产流率随降雨时间的延长先增大后趋于稳定,EUROSEM 模型模拟结果与实测结果具有相似的变化趋势,且两者峰值出现时间稍有偏差;实测产沙率在产流初期迅速增加,后在某一数值附近波动变化,雨强越大、坡长越长,波动越明显,而模型模拟结果则在波动增长后呈平稳趋势,且产沙率峰值首次出现时间较实测值提前了约 5 min。

(4)EUROSEM 模型对坡面产流产沙总量的模拟效果良好,相对误差 RE

在许可范围之内,反映模型总体预测效果的模型效率系数 $ME=0.978$、0.974。

　　总体而言,EUROSEM 模型能较好地预测晋西次降雨坡面径流侵蚀产沙情况,说明该模型在晋西黄绵土坡面上有较好的适用性。但本次试验在裸坡面上进行,仅考虑坡长、雨强的影响,并未考虑模型中的沟道组分,也未涉及植被等的影响,今后的研究中应进一步优化相关参数,增强模型在该区的适用性。

第8章 室内与野外侵蚀差异性分析与换算

由于天然降雨的有限性与偶发性,以及受人力、物力、财力等限制,导致野外水土流失观测难度较大,目前多利用室内模型试验所得土壤侵蚀模数乘以面积预测野外实地水土流失,然而,室内模型试验用土很难做到与野外原状土完全一致。因此,即使在相似的降雨条件下,室内与野外侵蚀产沙试验结果仍不可避免地存在差异,尤其针对晋西典型的离石黄土母质上发育的黄绵土,缺乏室内外侵蚀产沙差异的系统研究。鉴于此,本章采用人工模拟试验方法,通过对比分析降雨条件下室内模型与野外实地土壤侵蚀结果,探索模拟降雨试验后室内外坡面地貌形态差异性及单宽输沙率随产流历时的变化规律,首先揭示导致室内外土壤侵蚀差异性的原因,在此基础上,统计分析室内与野外土壤侵蚀模数换算系数,以期为晋西室内模型试验结果准确应用于野外实地水土流失预测提供科学依据。

8.1 室内与野外土壤侵蚀差异性分析

8.1.1 土壤侵蚀模数、径流模数差异性分析

试验尽量控制室内与野外模拟降雨试验土壤、降雨特性、坡长、坡度最大程度保持相似,但室内与野外土壤侵蚀模数与径流模数随雨强的变化过程表明(见图 8-1、图 8-2),室内模型试验结果均大于野外原位模拟试验结果。雨强由 50 mm/h 增大到 120 mm/h 时,室内土壤侵蚀模数与径流模数分别在 $0.002\ 97 \sim 0.110\ 36$ kg/(m² · min)、$0.000\ 17 \sim 0.002\ 41$ m³/(m² · min)变化,野外变化范围为 $0.000\ 26 \sim 0.039\ 57$ kg/(m² · min)、$0.000\ 10 \sim 0.001\ 16$ m³/(m² · min),野外侵蚀模数与径流模数最大、最小值分别仅为室内的 $8.70\% \sim 35.80\%$、$48.10\% \sim 58.80\%$。当野外径流小区面积为室内径流槽面积的 4 倍时,其径流量与侵蚀产沙量并非呈 4 倍关系(见表 8-1、表 8-2),相同雨强下,径流小区面积越大,野外与室内产沙量比值越小。

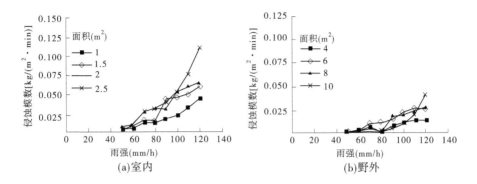

图 8-1 室内与野外侵蚀模数随雨强的变化

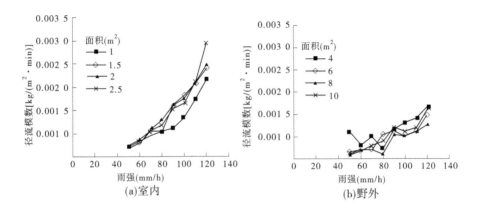

图 8-2 室内与野外径流模数随雨强的变化

表 8-1 野外与室内产沙量比值

$A_{野外}/A_{室内}$	雨强（mm/h）							
（m^2/m^2）	50	60	70	80	90	100	110	120
4.0/1.0	6.803	5.969	3.877	10.269	2.948	5.311	4.365	4.503
6.0/1.5	2.337	1.377	1.675	0.267	1.825	2.004	1.638	1.226
8.0/2.0	1.132	0.754	2.568	2.940	1.234	1.925	2.078	1.632
10.0/2.5	0.504	1.260	0.987	0.069	2.219	1.448	1.525	1.640

表 8-2 野外与室内径流量比值

$A_{野外}/A_{室内}$ (m^2/m^2)	雨强(mm/h)							
	50	60	70	80	90	100	110	120
4.0/1.0	1.751	5.250	4.381	6.595	4.783	4.692	4.632	5.226
6.0/1.5	11.927	3.332	3.646	1.576	4.449	3.918	2.964	2.763
8.0/2.0	3.050	2.544	1.743	3.924	2.208	1.514	1.546	2.024
10.0/2.5	1.594	2.292	1.352	0.596	1.967	1.601	1.565	1.597

导致室内与野外试验结果差异性的原因,可能主要在于土壤特性、入渗和风的影响。首先,次降雨过程中土壤侵蚀的发生是降雨与表层土壤之间的相互响应[248],降雨侵蚀力与土壤可蚀性相互依存,降雨侵蚀力的大小取决于降雨特性[249],如雨强、雨滴直径等,而土壤可蚀性则是指土壤对侵蚀的敏感性,主要取决于土壤理化特性,如土壤颗粒组成、水稳性团粒结构、渗透性、有机质含量等,在降雨特性相似的情况下,可蚀性低的土壤易遭侵蚀[250]。试验采用可控雨强的人工模拟降雨装置,所以室内与野外模拟降雨强度、雨量基本保持一致,但由于室内模型槽为人工装填,尽管按照野外原状土层次分层装填并层层压实,但与质地坚硬、具有较多结皮的野外自然坡面相比,室内模型坡面表层土壤疏松颗粒较多,易被雨滴溅蚀及径流挟带[251],其可蚀性是野外原状土的4倍左右[252],试验测得野外原状土表层土壤容重为 1.37 g/cm^3,室内模型试验为 1.35 g/cm^3,略有偏差。其次,模型试验与原位模拟试验边界的差异,导致室内外模拟试验的降雨入渗有区别,相比至少垂直深 50 cm 边界限制的室内土槽,野外原位土壤可沿着垂向及侧向渗透,其渗透量较室内大。最后,野外试验虽然尽量选择在早上 05:00~09:00 风比较小时进行,但试验过程中观察到仍然会受到风的间断性影响,陈洪松等在野外模拟试验中也指出这一点[253]。结果显示,不同面积径流小区土壤侵蚀模数随雨强的增大均呈显著增大趋势(见图 8-1、图 8-2),相比野外原位模拟试验相对缓慢的变化趋势,室内模型试验增幅更加显著,如雨强由 50 mm/h 增大到 120 mm/h 时,室内 2.5 m^2 面积土壤侵蚀模数增幅为 0.107 kg/(m^2 · min),野外 10 m^2 面积增幅为 0.039 kg/(m^2 · min),即野外径流小区侵蚀模数增幅仅为前者的 37.00%。然而,侵蚀模数随面积的增大室内与野外均呈现波动变化趋势,径流模数表现出与侵蚀模数相似的变化过程,野外径流模数随面积、雨强的增大波动性更大。方差分析显示,雨强对土壤侵蚀模数有显著影响,室内外模拟试验 F 统

计量对应的 P 值为 0.000,均远小于 0.05,而面积对土壤侵蚀模数的影响并不显著。进一步相关分析表明(见表 8-3),侵蚀模数、径流模数在室内与野外模拟试验条件下与雨强在 0.01 水平上均呈极显著正相关,相关系数大于 0.838,而与面积的相关性较小。侵蚀模数与径流模数在 0.01 水平上呈极显著正相关,室内模型试验相关性较野外大,其相关系数分别为 0.947、0.715,说明相比侵蚀面积,降雨与径流仍然是导致土壤流失的主要因素。然而,当雨强较小时,由于雨滴直径较小,在间断性风的影响下发生水平移动[254],甚至被吹到径流小区边界外面,使得降落到小区内的雨量减少,一方面影响径流量,另一方面影响降雨侵蚀力,从而导致野外试验结果小于室内。因此,本试验初步得出不能简单地用室内模型模拟试验结果与面积相乘预测野外实地土壤侵蚀量。

表 8-3　侵蚀模数、径流模数与面积、雨强的相关性分析

项目	室内		野外	
	侵蚀模数	径流模数	侵蚀模数	径流模数
雨强	0.852**	0.943**	0.839**	0.838**
面积	0.355*	0.142	0.079	−0.186
径流模数	0.947**	1	0.715**	1

注: * $P<0.05$, ** $P<0.01$, $N=32$(32 个实测值)。

8.1.2　地貌形态差异分析

细沟是在坡面径流差异性侵蚀(由于地面凹凸不平而产生的对径流的分配作用和地表土壤抗侵蚀力的空间差异,使径流在坡面上呈现不均匀分布)条件下,坡面上产生的一种小沟槽地形。土壤抗侵蚀力和降雨径流侵蚀力是影响细沟侵蚀的最直接因素,当降雨径流侵蚀力大于土壤抗侵蚀力时,细沟形成并得以发展,坡面产流产沙过程也随之发生改变[91]。早在 1984 年,Foster 等[217]根据田间实际形成的细沟,在室内制作细沟形态相同的模型(0.91 m×4.27 m),研究细沟流速与沟岸扩张沟道下切的影响。郑粉莉等也依据野外调查,在 5.0 m×1.5 m 的径流小区进行试验,表明土壤、地形及土地管理措施等都会影响细沟侵蚀量,且这些影响基本与野外调查结果相符。本研究对室内模型与野外原状坡面降雨试验后细沟形态特征对比发现,相同降雨条件下室内坡面较野外坡面更容易产生细沟(见图 8-3)。以 90 mm/h 降雨为例,试验过程中对坡面地貌形态观察发现,室内外坡面下部随降雨的进行均有不同

(a)室内3 m坡长　　　　(b)室内4 m和5 m坡长　　　　(c)野外3 m坡长

(d)野外4 m坡长　　　　(e)野外5 m坡长

图 8-3　90 mm/h 降雨后室内外 3 m、4 m、5 m 坡面下部形态对比

程度的细沟出现,野外相较室内坡面细沟不太发育,故未对细沟的形态特征(长、宽、深等)进行测量,管新建等[252]在野外 25°陡坡进行的雨强为 0.51 ~ 2.32 mm/min,历时 30 min 的人工模拟降雨试验也得出这一结论。而室内试验在坡长为 3 m,降雨强度小于 90 mm/h 时,没有明显细沟出现,可能由于坡长较短导致坡面汇水面积小,坡面即使出现跌坎,尚未贯通形成细沟[216]。然而,当雨强达到 90 mm/h 时,4 m、5 m 坡面上细沟明显发育,且原有细沟合并,细沟平均长度分别达到 120 cm、169 cm,平均宽度 3 cm、4 cm,平均深度 1.5 cm、4 cm。5 m 坡长在 90 mm/h 降雨条件下,测得最长的一条细沟甚至长 240.8 cm。

为了进一步分析室内试验坡面细沟发育形态,本研究探讨了细沟割裂度 (表征坡面破碎程度与细沟侵蚀强度)与细沟宽深比(表征细沟形状变化)随坡长、雨强的变化规律,结果显示,细沟割裂度整体随降雨强度和坡长的增大而增大,细沟宽深比则随二者的增大而减小,沈海鸥等和孔亚平等[175,234]在室内人工模拟降雨试验中也得出相同的结论,说明降雨强度和坡长与细沟发育程度有着密切的关系,且沟底下切程度较沟岸扩展程度大。另外,在降雨强度、土壤前期含水率、土壤容重等相似的情况下,除野外试验中风对降雨侵蚀力及径流量的影响外,室内试验扰动后土壤的水稳性团粒结构、渗透性等[256-259]与野外自然坡面土壤有较大差异,导致坡面细沟发育程度在室内外对比试验中产生了较大差异。如目前常采用室内模拟降雨和放水冲刷试验研究坡面细沟侵蚀的水动力学条件和特征[73,260-262],但大多数模拟试验中供试土壤经过风干、过筛的,试验坡面也都经平整处理,与自然条件下细沟侵蚀发生的地表条件相差甚远,蔡强国[263]在对细沟发生临界条件的研究中也指出室内与野外实际情况有一定差异。细沟形态的差异性导致室内试验产流量与产沙量均较野外大。

8.1.3　室内外坡面径流输沙率差异分析

降雨条件下坡面径流侵蚀是一个复杂的过程,产沙量预报的困难在于对从侵蚀到沉积或产沙过程的整体了解。选取 60 mm/h、90 mm/h、120 mm/h 3 个典型雨强,对比分析不同降雨强度条件下,室内与野外坡面单宽输沙率随产流历时变化过程(见图 8-4)。结果显示,野外与室内单宽输沙率总体随产流历时先增大后趋于稳定并表现出“多峰多谷”这一相似的变化趋势。但一定降雨强度和坡长条件下,室内模型单宽输沙率及其波动性总是大于野外,且响应很快。同时,室内模拟试验单宽输沙率在产流 4 min 时已达到相应条件下峰值的 52.5% 以上(雨强为 60 mm/h、坡长为 5 m 时除外),且多集中在 80.0% 附近。而野外试验中其值在产流初期呈线性增长,至第 10~14 min 才首次出现峰值,且在首次达到峰值时,室内试验值是野外的 1.58~10.40 倍。

分析产生上述结果的原因,首先是室内外土壤抗蚀性差异。产流初期雨滴动能直接作用于土表,土粒被分散、溅起,在坡面上被搬运、沉积甚至随径流流出出口断面,在此过程中,野外坡面坚实的土层和土表较多的结皮会增强表

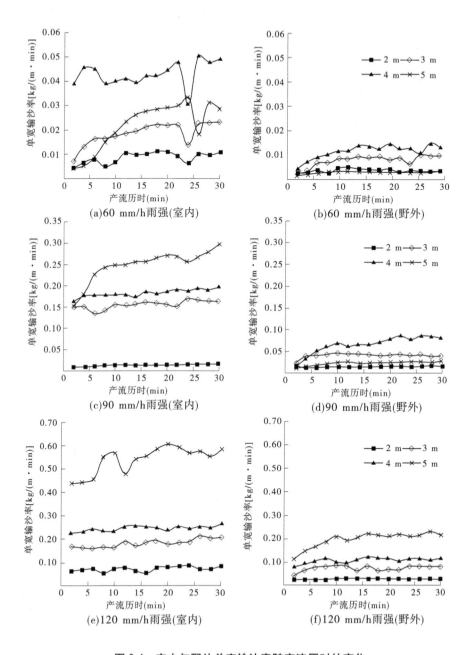

图 8-4 室内与野外单宽输沙率随产流历时的变化

土抗蚀性,而室内试验由于是扰动土壤,表层疏松颗粒较多,因此在产流初期,室内单宽输沙率较野外试验大且在短时间内达到峰值。其次是降雨条件下室内外坡面细沟形成差异,坡面径流深随降雨的进行逐渐增大,雨滴对土表的溅蚀减小至可忽略,产流量和径流挟沙能力也逐渐达到稳定,然而,细沟的形成使得坡面水流汇集于细沟内部,流速有较大增加,流速作为细沟流侵蚀力的重要指标,对坡面剥蚀概率有很大影响[264]。坡面微地貌、降雨强度、土壤理化性质等都能影响细沟的演变和发展,致使坡面单宽输沙率的变化过程存在较大的波动性,王志伟等[242]在沂蒙山区典型土壤坡面也得出这一结论。由 8.1.2 节可知,室内模型试验坡面细沟发育状况较野外原位试验存在较大差异,故一定雨强、坡长条件下室内单宽输沙率及其波动性总是大于野外。而室内试验单宽输沙率在坡长大于 2 m 时明显增大,其原因是在试验条件下坡长大于 2 m 时发生了细沟侵蚀(见图 8-3),进一步显示出细沟侵蚀的重要作用。再次,室内试验单宽输沙率增大较野外试验响应快,可能由于野外试验受风的影响。试验过程中观察到,当降雨强度一定时,野外试验由于受风的影响,落到小区内的雨量减少,坡面产流量相应减少,产流时刻也相对室内滞后,而研究显示,坡面径流单宽输沙率随着产流量的增加而增加[221];另外,雨滴直径随雨强的增大而增大。因此,雨强越大雨滴受风的影响相对减小,降落到试验小区的雨量更接近实际,但图 8-4 显示,室内外单宽输沙率总体随坡长的延长而增大。对于室内模拟试验,60 mm/h 雨强条件下坡长 5 m 时单宽输沙率整体间于 3～4 m 坡长,而野外原位模拟试验,雨强 60 mm/h、90 mm/h 条件下,5 m 坡长单宽输沙率较其他坡长小,除因为室内外试验环境不同外,可能还与径流量和搬运土粒所需能量有关[222]。但随着降雨强度的增大,雨滴对表土颗粒的减蚀作用增大,为坡面侵蚀产沙提供了更多的物质来源,同时径流量增大,径流紊动性也得到加强[246],侵蚀能力和挟沙能力相应增大,所以室内试验当雨强大于 60 mm/h、野外试验雨强大于 90 mm/h 时,5 m 坡长坡面单宽输沙率大于 4 m 坡长。

8.2　室内与野外侵蚀换算

8.2.1　土壤侵蚀模数的换算

8.2.1.1　坏值及其剔除

在试验过程中,由于误差的客观存在,所得到的试验数据总存在一定的离散性,把个别离散较远的数据称为坏值或可疑值,若保留了这些数据,由于坏值对测量结果平均值的影响比较明显,故不能以平均值作为真值的估计值。

本研究对野外与室内产流模数比值及侵蚀模数比值根据拉伊达准则[265]进行可疑数据的剔除。该方法按正态分布理论,以最大误差范围 $3t$ 为依据进行判别。设有一组测量值 $x_i(i=1,2,\cdots,n)$,其样本平均值为 $\bar{x}$,偏差 $\Delta x_i = x_i - \bar{x}$,则标准偏差:

$$t = \sqrt{\frac{1}{n-1}\sum_{i=1}^{n}(x_i - \bar{x})^2} = \sqrt{\frac{1}{n-1}\sum_{i=1}^{n}(\Delta x_i)^2}$$

若某测量值 $x_i(1 \leqslant i \leqslant n)$ 的偏差 $|\Delta x_i| > 3t$ 时,则认为 x_i 是含有粗大误差的坏值,可以剔除掉。

8.2.1.2 侵蚀模数换算系数的求解

土壤侵蚀模数指单位时间单位面积内产生的土壤侵蚀量 $[t/(km^2 \cdot a)]$,是衡量土壤侵蚀强度的一个量化指标,也常用于根据有实测土壤流失资料的参政区域来预测无实测资料或实测资料系列较短区域的水土流失预测。由于室内与野外试验土壤性质、降雨特性及径流小区坡度都基本相似,而野外径流小区面积是室内径流小区面积的 4 倍,但其土壤流失量并未呈 4 倍比例关系增加。因此,本书用数学分析的方法将野外侵蚀模数与室内侵蚀模数进行对比,得出一个换算系数,对室内侵蚀模数随侵蚀面积的变化进行换算,从而可通过室内人工模拟降雨试验来预测不同尺度野外区域的土壤流失量,为晋西黄绵土坡面水土流失预测提供理论依据。

根据室内侵蚀模数对野外侵蚀模数进行换算,其方法是用野外侵蚀模数与室内侵蚀模数的比值,乘以室内侵蚀模数,得到换算后相同降雨条件及土壤特征下的野外侵蚀模数,计算公式为:

$$M'_{S野外} = M_{S室内} \times \left(\sum \frac{M_{S野外}}{M_{S室内}} \times p' \right) = M_{S室内} \times \alpha$$

式中:$M'_{S野外}$ 为换算后的野外侵蚀模数,$kg/(m^2 \cdot min)$;$M_{S野外}$ 为实测野外试验侵蚀模数,$kg/(m^2 \cdot min)$;$M_{S室内}$ 为实测室内试验侵蚀模数,$kg/(m^2 \cdot min)$;α 为换算系数;p' 为权重。

将 50~120 mm/h 下野外与室内侵蚀模数比值(见表 8-4)取平均值得到换算系数 α。但根据拉伊达准则,表 8-4 中的 40 个数值里存在一个坏值即 2.567,并将其剔除。余下的 39 个数值中,$\frac{M_{S野外}}{M_{S室内}} < 1$ 的数值个数为 34,占总数

的 87%，$\dfrac{M_{S野外}}{M_{S室内}}>1$ 的数值个数为 5，占总数的 13%。因此，将 $\dfrac{M_{S野外}}{M_{S室内}}<1$ 的值总和赋予权重 0.87，$\dfrac{M_{S野外}}{M_{S室内}}>1$ 的值总和赋予权重 0.13，通过比值的加权平均法得到换算系数 α，其计算公式为：

$$\alpha = \frac{\sum\left(\dfrac{M_{S野外}}{M_{S室内}}<1\right)}{34}\times 0.87 + \frac{\sum\left(\dfrac{M_{S野外}}{M_{S室内}}<1\right)}{34}\times 0.13$$

计算得到室内外侵蚀模数换算系数 $\alpha = 0.48$。

表 8-4 野外与室内土壤侵蚀模数比值

$A_{野外}/A_{室内}$ (m^2/m^2)	雨强（mm/h）							
	50	60	70	80	90	100	110	120
2.0/0.5	1.701	1.492	0.969	2.567	0.737	1.328	1.091	1.126
4.0/1.0	0.584	0.344	0.419	0.067	0.456	0.501	0.409	0.306
6.0/1.5	0.283	0.189	0.642	0.735	0.308	0.481	0.520	0.408
8.0/2.0	0.126	0.315	0.247	0.017	0.555	0.362	0.381	0.410
10.0/2.5	0.084	0.083	0.041	0.075	0.119	0.176	0.252	0.359

将不同降雨强度条件下室内侵蚀模数与土槽面积的关系进行回归分析（见表 8-5），结果显示，二者间关系可以用幂函数方程表达，除降雨强度为 50 mm/h、60 mm/h 时判定系数 R^2 分别为 0.476 和 0.798，其他降雨强度条件下回归模型 R^2 均在 0.80 以上，说明此回归模型能较好地表达晋西黄绵土侵蚀模数与侵蚀面积的关系，其通用方程可表示为：

$$M_S = aA^b$$

式中：M_S 为侵蚀模数，kg/($m^2\cdot$min)；a 为系数；b 为幂指数；A 为面积，m^2。

因此，可以得出结论，在晋西黄绵土地区，已知室内模拟降雨试验侵蚀模数，将换算系数 $\alpha = 0.48$ 代入方程得到野外坡面土壤侵蚀模数：

$$M'_{S野外} = \alpha \times M_{S室内} = 0.48aA^b$$

表 8-5　不同雨强下产沙量与坡长的关系

雨强(mm/h)	回归方程	R^2
50	$M_S = 0.29 \times 10^{-2} A^{0.45}$	0.476
60	$M_S = 0.50 \times 10^{-2} A^{0.54}$	0.798
70	$M_S = 1.22 \times 10^{-2} A^{0.88}$	0.959
80	$M_S = 1.10 \times 10^{-2} A^{1.20}$	0.946
90	$M_S = 1.86 \times 10^{-2} A^{0.92}$	0.826
100	$M_S = 2.46 \times 10^{-2} A^{0.99}$	0.955
110	$M_S = 3.15 \times 10^{-2} A^{0.97}$	0.997
120	$M_S = 4.01 \times 10^{-2} A^{0.98}$	0.963

8.2.2　土壤侵蚀模数与径流模数的关系

图 8-5 显示,室内与野外模拟试验条件下侵蚀模数与径流模数在 0.01 水平上均呈极显著正相关,相关系数分别为 0.947、0.715。而径流模数与面积的相关性差,室内与野外模拟试验中相关系数分别为 0.142、-0.186。为了定量描述侵蚀模数随径流模数的变化关系,将室内模拟降雨试验中 30~120 mm/h 雨强与坡长 1~5 m 侵蚀模数与径流模数数据进行回归分析:

$$M_S = 32.46 M_Q \qquad R^2 = 0.774$$

式中:M_S 为侵蚀模数,kg/(m²·min);M_Q 为径流模数,m³/(m²·min)。

方程统计量 $F = 134.323$,相伴概率值 $p < 0.001$,说明两者间存在线性回归关系,且判定系数为 0.774,说明方程拟合较好。

8.3　小　　结

在室内模型模拟与野外原位模拟试验基础上,本章对比了降雨条件下室内与野外坡面径流模数与侵蚀模数随降雨强度、坡面面积的变化,并通过坡面侵蚀细沟与单宽输沙率进一步分析导致其差异性的原因,初步得出不能简单地用室内试验结果乘以面积预测野外实地水土流失量,并得出该区室内外土

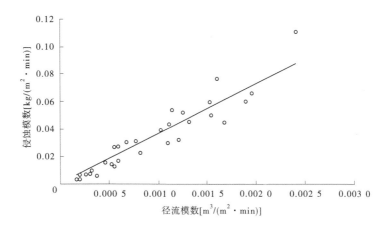

图 8-5 土壤侵蚀模数与径流模数的关系

壤侵蚀模数换算系数。具体结论如下:

(1)室内模型试验土壤侵蚀模数与径流模数均大于野外原位模拟试验结果,当野外径流小区面积为室内径流槽面积的 4 倍时,径流量与侵蚀产沙量不呈 4 倍关系,面积越大,野外与室内结果比值越小。因此,建议将室内试验结果通过合理的转换后预测野外实际水土流失将更加客观。

(2)雨强对室内外侵蚀模数、径流模数有显著影响,均呈极显著正相关(相关系数不小于 0.838),而与面积的相关性较小;侵蚀模数与径流模数相关性达 0.947(室内)、0.715(野外),说明相比侵蚀面积,降雨及产生的径流仍然是导致土壤侵蚀的主要因素。

(3)相同降雨条件下,室内坡面较野外坡面更容易产生细沟,雨强大于 90 mm/h、坡长大于 3 m 时,室内外坡面下部均产生不同发育程度的细沟,但相较野外坡面,室内坡面细沟发育程度大,且更趋向于沟底下切,说明细沟发育与雨强、坡长有关,且沟底下切程度较沟岸扩展程度大,导致室内试验径流量与产沙量较野外试验大。

(4)一定雨强和坡长条件下,室内外单宽输沙率均随产流历时先增大后趋于稳定,但室内模型单宽输沙率及其波动性大于野外,且响应时间更短,产流 4 min 时单宽输沙率已达到相应条件下峰值的 52.5% 以上,而野外试验至第 10~14 min 才首次出现峰值,且室内试验峰值是野外的 1.58~10.40 倍;室内外单宽输沙率总体随坡长的延长而增大,但坡长为 5 m 时,室内雨强大于 60 mm/h,野外雨强大于 90 mm/h 时坡面单宽输沙率才大于 4 m 坡长。

(5)室内与野外模拟降雨试验中侵蚀模数与径流模数呈显著线性关系,

而且侵蚀模数与面积的关系可用幂函数表达,其模型决定系数大部分均大于0.82。

(6)相同降雨条件、土壤条件及坡长条件下,晋西黄绵土裸坡面室内与野外侵蚀模数换算系数为0.48。

本研究虽然就晋西黄绵土坡面室内模型与野外原位条件下径流侵蚀产沙进行了模拟,得出其差异性,分析了导致差异性产生的原因,并进行换算系数的求解,但相较于天然降雨,野外人工模拟降雨仍然不能完全反映天然降雨的全部性质,在后续的研究中,期望通过长序列天然降雨径流水文监测数据的分析,进一步验证野外试验的可靠性;更重要的是期望开展模型向原型转换方面更深入的研究,切实解决基于室内试验结果合理预测野外实地水土流失问题。

参 考 文 献

[1] 郭裕怀,刘贯文. 山西农书[M]. 太原:山西经济出版社,1992:26-30.

[2] 薛辉. 黄土丘陵沟壑区王家沟流域水文特征分析[J]. 山西水利,2006(1):13-15.

[3] 卫中平,刘志刚. 晋西王家沟流域水土保持综合治理效益分析[J]. 中国水土保持,1997(3):28-31.

[4] 江忠善,刘志,贾志伟. 地形因素与坡地水土流失关系的研究[J]. 水土保持研究,1990(2):1-8.

[5] 汪晓勇,郑粉莉. 黄土坡面坡长对侵蚀-搬运过程的影响研究[J]. 水土保持通报,2008,28(3):1-4.

[6] 张光辉. 坡面水蚀过程水动力学研究进展[J]. 水科学进展,2001,12(3):395-402.

[7] Grosh J L, Jarrett A R. Interrill erosion and runoff on very steep slopes[J]. Transactions of the ASAE, 1994, 37(4): 1127-1133.

[8] 赵海滨,闫国新,姚文艺,等. 黄土坡面径流输沙能力试验研究[J]. 水土保持学报,2009,23(6):41-44.

[9] Govers G, Rauws G. Transporting capacity of overland flow on plane and on irregular beds[J]. Earth Surface Processes and Landforms, 1986, 11(12): 515-524.

[10] 张光辉,卫海燕,刘宝元. 坡面流水动力学特性研究[J]. 水土保持学报,2001,15(1):58-61.

[11] 雷廷武,张晴雯,赵军,等. 细沟侵蚀动力过程输沙能力试验研究[J]. 土壤学报,2002,39(4):476-482.

[12] Alonso C V, Neibling W H, Forster D R. Estimating Sediment Transport Capacity in Water shed Modeling[J]. Transactions of the ASAE, 1981, 24(5): 1211-1220.

[13] Julien P Y, Simons D S. Sediment transport capacity of overland flow[J]. Transactions of the ASAE, 1985, 28(3): 755-761.

[14] 张建军,毕华兴,张宝颖. 坡面水土保持林地地表径流挟沙能力研究[J]. 北京林业大学学报,2003,25(5):25-28.

[15] 张建军,张宝颖,毕华兴,等. 黄土区不同植被条件下的土壤抗冲性[J]. 北京林业大学学报,2004,26(6):25-29.

[16] Abrahams A D, Li G. Effect of saltating sediment on flow resistance and bed roughness in overland flow[J]. Earth Surface Processes and Landforms, 1998, 23(10): 953-960.

[17] Gary L, Abrahams A D. Controls of sediment transportcapacity in laminar interrill flow on stone-covered surfaces[J]. Water Resources Research, 1999, 35(1): 305-310.

[18] Yoon Chang-hwan, Row Kyung-ho. Purification of Astaxanthin from Laminaria japonica by Ionic Liquid-based Monolithic Cartridge[J]. Chemical Research in Chinese Universities,

2012,28(3):406-409.

[19] Yen Yi Loo, Lawal Billa, Ajit Singh. Effect of climate change on seasonal monsoon in Asia and its impact on the variability of monsoon rainfall in Southeast Asia[J]. Geoscience Frontiers, 2015,6(6):817-823.

[20] 金雁海,柴建华,朱智红,等. 内蒙古黄土丘陵区坡面径流及其影响因素研究[J]. 水土保持研究,2006,13(5):292-295,298.

[21] 王玲玲,范东明,王文龙,等. 水蚀风蚀交错区不同坡长坡面产流产沙过程[J]. 人民黄河,2016,38(3):72-75,79.

[22] 陈安强,马文贵,高福军,等. 土石山区径流小区坡长对径流量和侵蚀量影响的研究[J]. 水土保持研究,2007(4):190-193,196.

[23] Truman C C, Wauchope R D. Slope length effects on runoff and sediment delivery[J]. Journal of Soil & Water Conservation, 2001,56(3):249-256.

[24] Yair A, Raz-Yassif N. Hydrological processes in a small arid catchment:scale effects of rainfall and slope length[J]. Geomorphology, 2004, 61(s1-2): 155-169.

[25] 王秀颖,刘和平,刘元宝. 变雨强人工降雨条件下坡长对径流的影响研究[J]. 水土保持学报,2010,24(6):1-5.

[26] 王瑄,郭月峰,高云彪,等. 坡度、坡长变化与水土流失量之相关性分析[J]. 中国农学通报,2007(9):611-614.

[27] Joe A, Messing I, Seguel O, et al. Measurement of surface water runoff from plots of two different sizes[J]. Hydrological Processes, 2002, 16(7): 1467-1478.

[28] Nick van de Giesen, Tjeerd Jan Stomph, Nico de Ridder. Surface runoff scale effects in West African watersheds:modeling and management options[J]. Agricultural Water Management, 2004, 72(2): 112-118.

[29] 方海燕,蔡强国,李秋艳. 黄土丘陵沟壑区坡面产流能力及影响因素研究[J]. 地理研究,2009,28(3):583-591.

[30] 吴发启,赵晓光,刘秉正. 缓坡耕地降雨、入渗对产流的影响分析[J]. 水土保持研究,2000,12(1):12-17,37.

[31] 廖义善,蔡强国,程琴娟. 黄土丘陵沟壑区坡面侵蚀产沙地形因子的临界条件[J]. 中国水土保持科学,2008(2):32-38.

[32] 李勉,姚文艺,陈江南,等. 坡面草被覆盖对坡沟侵蚀产沙过程的影响[J]. 地理学报,2005,38(5):725-732.

[33] 王占礼,邵明安. 黄土丘陵沟壑区第二副区山坡地土壤侵蚀特征研究[J]. 水土保持研究,1998,5(4):11-21.

[34] 吴永红,王愿昌,刘斌,等. 黄土坡面的土壤侵蚀波动性[J]. 中国水土保持科学,2005,36(2):28-31.

[35] 张华峰,康慧,张华强,等. ^{137}Cs示踪技术在土壤侵蚀研究中的应用综述[J]. 中国水

土保持,2003,27(2):21-22.

[36] 付兴涛,张丽萍. 坡长对红壤侵蚀影响人工降雨模拟研究[J]. 应用基础与工程科学学报,2015,23(3):474-483.

[37] Oemer K, Hueseyin S, Ilyas B. Slope length effects on microbial biomass and activity of eroded sediments[J]. Journal of Soils and Sediments, 2010, 10(3): 434-439.

[38] 刘纪根,雷廷武,潘英华,等. 陡坡耕地施加 PAM 侵蚀产沙规律及临界坡长的试验研究[J]. 土壤学报,2003,37(4):504-510.

[39] 史文娟,马媛,王娟,等. 地形因子对陕北坡耕枣树地产流产沙的影响及模拟研究[J]. 水土保持学报,2014,28(2):25-29.

[40] An J, Zheng F, Lu J, et al. Investigating the role of raindrop impact on hydrodynamic mechanism of soil erision under simulated rainfall conditions[J]. Soil Science, 2012, 177(8): 517-526.

[41] Meyer L D, Foster G R, Nikolov S. Effect of flow rate and canopy on rill erision[J]. Transactions of the ASAE, 1975, 18(5): 905-911.

[42] 郑粉莉. 黄土区坡耕地细沟间侵蚀和细沟侵蚀的研究[J]. 土壤学报,1998,18(1):95-103.

[43] 郑粉莉. 坡面降雨侵蚀和径流侵蚀研究[J]. 水土保持通报,1998,18(6):20-24.

[44] 陆绍娟,王占礼,谭贞学. 黄土坡面细沟水流剪切力及其侵蚀效应研究[J]. 水土保持通报,2013,33(6):46-50.

[45] 蒋芳市,黄炎和,林金石,等. 坡度和雨强对花岗岩崩岗崩积体细沟侵蚀的影响[J]. 水土保持研究,2014,21(1):1-5.

[46] 耿晓东,郑粉莉,刘力. 降雨强度和坡度双因子对紫色土坡面侵蚀产沙的影响[J]. 泥沙研究,2010,24(6):48-53.

[47] 蔡雄飞,王济,雷丽,等. 不同雨强对我国西南喀斯特山区土壤侵蚀影响的模拟研究[J]. 水土保持学报,2009,23(6):5-8,13.

[48] 林超文,陈一兵,黄晶晶,等. 不同耕作方式和雨强对紫色土养分流失的影响[J]. 中国农业科学,2007,34(10):2241-2249.

[49] 张佳琪,王红,张瑞芳,等. 雨强对片麻岩坡面径流养分流失规律的影响[J]. 水土保持学报,2014,28(3):42-45,51.

[50] 李洪丽,韩兴,张志丹,等. 东北黑土区野外模拟降雨条件下产流产沙研究[J]. 水土保持学报,2013,27(4):49-52,57.

[51] 张新和,郑粉莉,张鹏,等. 黄土坡面侵蚀方式演变过程中汇水坡长的侵蚀产沙作用分析[J]. 干旱地区农业研究,2007,56(6):126-131.

[52] Pan C Z, Shangguan Z P. Runoff hydraulic characteristics and sediment generation in sloped grassplots under simulated rainfall conditions[J]. Journal of Hydrology, 2006, 331(1): 178-185.

［53］李勉,杨剑锋,侯建才,等. Cs 示踪法研究黄土丘陵区坡面侵蚀空间变化特征［J］. 核技术,2009,32(1):50-54.

［54］刘和平,王秀颖,刘宝元. 人工模拟降雨下细沟与细沟间流速的沿程分布［J］. 地理研究,2011,30(9):1660-1668.

［55］张乐涛,高照良,田红卫. 工程堆积体陡坡坡面径流水动力学特性［J］. 水土保持学报,2013,27(4):34-38.

［56］Govers G. Relations between discharge, velocity, and flow area for rill eroding loss, non-layered material［J］. Earth Surface Processes and Landforms, 1992, 17(2): 515-528.

［57］Nearing M A, Simanton J R, Nortion L D, et al. Soil erosion by surface water flow on a stony, semiarid hillslope［J］. Earth Surface Processes and Landforms, 1999, 24(8): 677-686.

［58］江忠善,宋文经. 坡面流速的试验研究［J］. 中国科学院西北水土保持研究所集刊,1988(1):46-52.

［59］张光辉. 坡面薄层流水动力学特性的实验研究［J］. 水科学进展,2002,13(2):159-165.

［60］姚文艺. 坡面流流速计算的研究［J］. 中国水土保持,1993,21(3):25-29,65.

［61］Horton R E. Erosion development of streams and their drainage basins; Hydrophysical approach to quantitativemorphology［J］. Bulleton of the Geological Society of America. Soc. America, 1945, 56: 275-370.

［62］陈国祥,姚文艺. 降雨对浅层水流阻力的影响［J］. 水科学进展,1996,7(1):42-46.

［63］郑良勇,李占斌,李鹏. 黄土区陡坡径流水动力学特性试验研究［J］. 水利学报,2004(5):46-51.

［64］敬向峰,吕宏兴,潘成忠,等. 坡面薄层水流流态判定方法的初步探讨［J］. 农业工程学报,2007,23(5):56-61.

［65］吴长文,王礼先. 林地坡面的水动力学特性及其阻延地表径流的研究［J］. 水土保持学报,1995,9(2):32-38.

［66］Kinnell P I A. The effect of slope length on sediment concentrations associated with side-slope erosion［J］. Soil Science Society of America Journal, 2000, 64(3): 1004-1008.

［67］Selby M J. Hillslope materials and processes［D］. General Surface Features of the Earth, 1982, 8(3): 15-18.

［68］Fu X T, Zhang L P, Wu X Y, et al. Dynamic simulation on hydraulic characteristic values of overland flow［J］. Water Resources, 2012, 39(4): 474-480.

［69］梁心蓝,赵龙山,吴佳,等. 地表糙度与径流水力学参数响应规律模拟［J］. 农业工程学报,2014,30(19):123-131.

［70］潘成忠,上官周平. 牧草对坡面侵蚀动力参数的影响［J］. 水利学报,2005,36(3):371-377.

[71] 雷俊山,杨勤科. 坡面薄层水流侵蚀试验研究及土壤抗冲性评价[J]. 泥沙研究, 2004(6):22-26.

[72] 敬向锋,吕宏兴,张宽地,等. 不同糙率坡面水力学特征的试验研究[J]. 水土保持通报,2007(2):33-38.

[73] 李占斌,秦百顺,亢伟,等. 陡坡面发育的细沟水动力学特性室内试验研究[J]. 农业工程学报,2008,35(6):64-68.

[74] 魏霞,李勋贵,李占斌,等. 黄土高原坡沟系统径流水动力学特性试验[J]. 农业工程学报,2009,25(10):19-24.

[75] 米宏星. 黄土细沟侵蚀径流水动力学特性研究[D]. 重庆:西南大学,2015.

[76] 吴卿,杨春霞,甄斌,等. 草被覆盖对坡面径流剪切力影响的试验研究[J]. 人民黄河,2010,32(8):96,99.

[77] 杨春霞,姚文艺,肖培青,等. 坡面径流剪切力分布及其与土壤剥蚀率关系的试验研究[J]. 中国水土保持科学,2010,8(6):53-57.

[78] 郑良勇,李占斌,李鹏. 黄土高原陡坡土壤侵蚀特性试验研究[J]. 水土保持研究, 2003,15(2):47-49.

[79] 李鹏,李占斌,郑良勇,等. 坡面径流侵蚀产沙动力机制比较研究[J]. 水土保持学报,2005,18(3):66-69.

[80] 吴淑芳,吴普特,宋维秀,等. 黄土坡面径流剥离土壤的水动力过程研究[J]. 土壤学报,2010,47(2):223-228.

[81] 肖培青,姚文艺,申震洲,等. 苜蓿草地侵蚀产沙过程及其水动力学机理试验研究[J]. 水利学报,2011,42(2):232-237.

[82] 孙佳美,樊登星,梁洪儒,等. 黑麦草调控坡面水沙输出过程研究[J]. 水土保持学报,2014,28(2):36-39,44.

[83] 丁文峰. 紫色土和红壤坡面径流分离速度与水动力学参数关系研究[J]. 泥沙研究,2010,42(6):16-22.

[84] 郭明明,王文龙,李建明,等. 野外模拟降雨条件下矿区土质道路径流产沙及细沟发育研究[J]. 农业工程学报,2016,32(24):155-163.

[85] 王浩,王文龙,王贞. 黄土高塬沟壑区坡沟道路侵蚀临界水动力学试验研究[J]. 水土保持学报,2010,24(2):61-65.

[86] Lyle W M, Smedon E T. Relation of compaction and other soil properties to erosion resistance of soil[J]. Transactions of the ASAE, 1965, 8(3): 419-422.

[87] Foster G R, Meyer L D. Transport of soil particles by shallow flow[J]. Transactions of the ASAE, 1972, 15(1): 99-102.

[88] Zheng M, Li R, He J. Sediment concentrations in run-off varying with spatial scale in an agricultural subwatershed of the Chinese Loess Plateau [J]. Hydrological Processes, 2015, 29(26): 5414-5423.

[89] 孔亚平,张科利,曹龙熹. 土壤侵蚀研究中的坡长因子评价问题[J]. 水土保持研究,2008,15(4):43-47.

[90] 李君兰,蔡国强,孙莉英,等. 降雨强度、坡度及坡长对细沟侵蚀的交互效应分析[J]. 中国水土保持科学,2011,9(6):8-13.

[91] 张攀,唐洪武,姚文艺,等. 细沟形态演变对坡面水沙过程的影响[J]. 水科学进展,2016,27(4):535-541.

[92] 肖培青,郑粉莉,汪晓勇,等. 黄土坡面侵蚀方式演变与侵蚀产沙过程试验研究[J]. 水土保持学报,2008,22(1):24-27.

[93] Haiou Shen, Fenli Zheng, Leilei Wen, et al. An experimental study of rill erosion and morphology[J]. Geomorphology,2015,41(6):231-238.

[94] 沈海鸥,郑粉莉,卢嘉,等. 黄土坡面细沟侵蚀形态试验[J]. 生态学报,2014,34(19):5514-5521.

[95] 王龙生,蔡国强,蔡崇法,等. 黄土坡面细沟形态变化及其与流速之间的关系[J]. 农业工程学报,2014,30(11):110-117.

[96] 张攀,姚文艺,唐洪武,等. 模拟降雨条件下坡面细沟形态演变与量化方法[J]. 水科学进展,2015,26(1):51-58.

[97] 刘前进,蔡强国,方海燕,等. 基于 GIS 的次降雨分布式土壤侵蚀模型构建——以晋西王家沟流域为例[J]. 中国水土保持科学,2008,6(5):21-26.

[98] 和继军,宫辉力,李小娟,等. 细沟形成对坡面产流产沙过程的影响[J]. 水科学进展,2014,25(1):90-97.

[99] 李毅,邵明安. 雨强对黄土坡面土壤水分入渗及再分布的影响[J]. 应用生态学报,2006,17(12):2271-2276.

[100] 贾志军,王贵平,李俊义,等. 前期土壤含水率对坡面产流产沙影响的研究[M]. 北京:水利电力出版社,1990:15-18.

[101] 王福恒,李家春,田伟平. 黄土边坡降雨入渗规律试验[J]. 长安大学学报(自然科学版),2009,29(4):20-24.

[102] 沈冰,王文焰,沈晋. 短历时降雨强度对黄土坡地径流形成影响的实验研究[J]. 水利学报,1995,4(3):21-27.

[103] 徐佩,王玉宽,傅斌,等. 紫色土坡耕地壤中产流特征及分析[J]. 水土保持通报,2006(6):14-18.

[104] 付智勇,李朝霞,蔡崇法,等. 不同起始条件下坡面薄层紫色土水分和壤中流响应[J]. 水利学报,2011,42(8):899-907.

[105] Helalia A M. The relation between soil infiltration and effective porocity in different soils [J]. Agricultural Water Management, 1993(24): 39-47.

[106] 雷志栋,杨诗秀,谢森传,等. 土壤水动力学[M]. 北京:清华大学出版社,1988.

[107] 康绍忠. 土壤水分动态的随机模拟研究[J]. 土壤学报,1990,27(1):17-24.

［108］惠士博，Nielsen D R. 田间入渗率的随机模拟分析［J］. 水利学报，1989，12（10）：1-8.

［109］惠士博. 陕北黄土单点降雨入渗特性的实验研究［J］. 水文，1988（5）：11-16.

［110］李长兴. 土壤特性空间变异对流域下渗影响的研究综述［J］. 陕西水利，1989（4）：7-9.

［111］李长兴，沈晋. 考虑土壤特性空间变异的产流模型［J］. 水利学报，1989（10）：1-8.

［112］Mcintyer. Soil splash and the formation of surface crust by raindrop impact［J］. Soil Science，1958，85（3）：261-266.

［113］Morre. Effect of surface sealing on infiltration［J］. Transactions of the ASAE，1981，24（6）：1546-1552.

［114］石生新，蒋定生. 几种水土保持措施对强化降水入渗和减沙的影响试验研究［J］. 水土保持研究，1994，1（1）：82-88.

［115］张斌，张桃林，赵其国. 耕作方式对红壤水分入渗特性的影响及测定方法的比较［C］//红壤生态系统研究（第五集）. 北京：中国农业科技出版社，1998.

［116］康绍忠，张书函，聂光铺，等. 内蒙古敖包小流域土壤入渗分布规律的研究［J］. 土壤侵蚀与水土保持学报，1996，2（2）：38-46.

［117］黄明斌，李玉山，康绍忠. 坡地单元降雨产流分析及平均入渗速率的计算［J］. 土壤侵蚀与水土保持学报，2001，5（1）：63-68.

［118］贾志军. 土壤含水率对坡耕地产流入渗影响的研究［J］. 中国水土保持，1987（10）：25-27.

［119］Philip J R. Hillslope infiltration：Planer slope［J］. Water Resource Research，1991，27（6）：1035-1040.

［120］Luk S K. Effect of antecedent soil moisture content on rain wash erosion［J］. Catena，1985，12（2）：129-139.

［121］Horton R E. An approach toward a physical interpretation of infiltration capacity［J］. Soil Science Society Proceedings，1940，13（5）：399-417.

［122］李宏伟. 降雨入渗条件下土质边坡非饱和渗流二维数值分析［J］. 水资源与水工程学报，2010，21（6）：133-136.

［123］张光辉. 土壤侵蚀模型研究现状与展望［J］. 水科学进展，2002，13（3）：389-396.

［124］Zingg A W. Degree and length of land slope as it affects soil loss in runoff［J］. Agricultural Engineering，1940，21（2）：59-64.

［125］郭索彦，李智广. 我国水土保持监测的发展历程与成就［J］. 中国水土保持科学，2009（5）：19-24.

［126］刘善建. 天水水土流失测验的初步分析［J］. 科学通报，1953（12）：59-65.

［127］Wischmeier W H，Smith D D. Prediction rainfall erosion losses from cropland east of the rocky mountains［M］. Washington，D. C：USDA Agricultural Handbook，1965（282）：

1.

[128] Yoder Daniel. The future of RUSLE：insidethenew Revised Universal Soil Loss Equation [J]. Soil and Water Conservation, 1995, 50(5)：484-489.

[129] Foster G R, Yoder D C, Weesies G A, et al. The Design Philosophy Behind RUSLE2： Evolution of an Empirical Model[C]//Soil Erosion, 2001.

[130] Page D, Nearing M A. The USDA Water Erosion Prediction Projet[J]. ASCE, 1988.

[131] Morgan R P C, Quinton J N, Smith R E. The European Soil Erosion Model(EU-ROSEM)：a dynamic approach for predicting sediment transport from fields and small catchments[J]. Earth Surface Processes and Landforms, 23(6)：527-544 .

[132] 刘宝元. 土壤侵蚀预报模型[M]. 北京：中国科学技术出版社,2001.

[133] Mingguo Z, Qiangguo C, Qinjuan C. Modelling the runoff-sediment yield relationship using a proportional function in hilly areas of the Loess Plateau, North China[J]. Geomorphology, 2008, 93(3-4)：288-301.

[134] 江忠善,王志强. 黄土丘陵区小流域土壤侵蚀空间变化定量研究[J]. 土壤侵蚀与水土保持学报,1996,2(1):1-9.

[135] Wang G, Wu B, Li T. Digital Yellow River Model[J]. Journal of Hydro-environment Research, 2007, 1(1)：1-11.

[136] Yang T, Xu C Y, Zhang Q, et al. DEM-based numerical modelling of runoff and soil erosion processes in the hilly-gully loess regions[J]. Stochastic Environmental Research & Risk Assessment, 2012, 26(4):581-597.

[137] Rompaey A J J V, Verstraeten G, Oost K V, et al. Modelling a distributed approach [J]. Earth Surface Processes and Landforms, 2001, 26(11)：1221-1236.

[138] Centeri C, Barta K, Jakab G, et al. Comparison of EUROSEM, WEPP, and MEDRUSH model calculations with measured runoff and soil-loss data from rainfall simulations in Hungary[J]. Journal of Plant Nutrition and Soil Science, 2009, 172(6)：789-797.

[139] 黄明. 晋西黄土区降雨要素和不同植被覆盖条件对流域输沙的影响[D]. 北京：北京林业大学,2013.

[140] 王占礼,邵明安,常庆瑞. 黄土高原降雨因素对土壤侵蚀的影响[J]. 西北农业大学学报,1998(4):101-105 .

[141] 王宏,蔡强国,朱远达. 应用 EUROSEM 模型对三峡库区陡坡地水力侵蚀的模拟研究[J]. 地理研究,2003,22(5):579-589 .

[142] Folly A, Quinton J N, Smith R E. Evaluation of the EUROSEM model using data from the Catsop watershed, The Netherlands[J]. Catena, 1999, 37(3-4)：507-519.

[143] Mati B M, Morgan R P C, Quinton J N. Soil erosion modelling with EUROSEM at Embori and Mukogodo catchments, Kenya[J]. Earth Surface Processes and Landforms, 2006, 31(5)：579-588.

[144] Audu I, Quinton J N, Hess T M. Sensitivity analysis and calibration of the EUROSEM model for application in the north-east zone of Nigeria[J]. Arid Zone Journal of Engineer, Technology and Environment, 2004, 1: 17-27.

[145] Khaleghpanah N, Shorafa M, Asadi H, et al. Modeling soil loss at plot scale with EUROSEM and RUSLE2 at stony soils of Khamesan watershed, Iran[J]. Catena, 2016, 147: 773-788.

[146] 徐向舟,张红武,张羽,等. 坡面水土流失比尺模型相似性的试验研究[J]. 水土保持学报,2005,19(1):25-27.

[147] 管新建,李占斌,王民,等. 坡面径流水蚀动力参数室内试验及模糊贴近度分析[J]. 农业工程学报,2007,23(6):1-6.

[148] 王瑄,李占斌,尚佰晓,等. 坡面土壤剥蚀率与水蚀因子关系室内模拟试验[J]. 农业工程学报,2008,24(9):22-26.

[149] 和继军,吕烨,宫辉力,等. 细沟侵蚀特征及其产流产沙过程试验研究[J]. 水利学报,2013,44(4):398-405.

[150] 雷阿林,唐克丽. 土壤侵蚀模型试验中的降雨相似及其实现[J]. 科学通报,1995,40(21):2004-2006.

[151] 雷阿林,史衍玺. 土壤侵蚀模型实验中的土壤相似性问题[J]. 科学通报,1996,41(19):1801-1804.

[152] 高建恩,吴普特,牛文全,等. 黄土高原小流域水力侵蚀模拟试验设计与验证[J]. 农业工程学报,2005,21(10):41-45.

[153] 李书钦,高建恩,赵春红,等. 坡面水力侵蚀比尺模拟试验设计与验证[J]. 中国水土保持科学,2010,8(1):6-12.

[154] 孙三祥,张云霞. 降雨及坡面径流模拟试验相似准则[J]. 农业工程学报,2012,28(11):93-98.

[155] 柯奇画,张科利. 人工降雨模拟试验的相似性和应用性探究[J]. 水土保持学报,2018,32(3):16-20.

[156] 管新建,李勉,胡彩虹,等. 室内外陡坡降雨侵蚀产沙过程相似性模拟分析[J]. 水土保持通报,2011,31(5):191-195.

[157] Fu X T, Zhang L P, Wang Y. Effect of Slope Length and Rainfall Intensity on Runoff and Erosion Conversion from Laboratory to Field[J]. Water Resources, 2019, 46(4): 530-541.

[158] Mamisao J P. Development of agricultural watershed by similitude[D]. M. Sc. Thesis, Iowa State College, 1952: 10-30.

[159] Wouter Schiettecatte, Koen Verbist, Roger Hartmann, et al. Sediment Load in Runoff Under Laboratory and Field Simulated Rainfall[J]. Agricultural Sciences in China, 2004, 3(1): 31-36.

[160] 雷阿林,史衍玺,唐克丽. 土壤侵蚀模型实验中的土壤相似性问题[J]. 科学通报, 1996,41(19):1801-1804.

[161] Foster G R, Eppert F P, Meyer L D. Proceedings Rainfall Simulator Workshop,1979.

[162] Sobrinho T A, Gómez-Macpherson H, Gómez J A. A portable integrated rainfall and overland flow simulator[J]. Soil Use and Management, 2008, 24(2): 163-170.

[163] 许炯心. 黄土高原丘陵沟壑区坡面-沟道系统中的高含沙水流(Ⅰ)——地貌因素与重力侵蚀的影响[J].自然灾害学报,2004,13(1):55-60.

[164] 王全九,穆天亮,王辉. 坡度对黄土坡面径流溶质迁移特征的影响[J]. 干旱地区农业研究,2009,27(4):176-179.

[165] 杨才敏. 晋西黄土丘陵沟壑区水土流失综合治理开发研究[M]. 北京:中国科学技术出版社,1995.

[166] 霍贵中. 柠条在黄土丘陵沟壑区生态建设中的示范研究[J]. 山西水土保持科技, 2014(3):36-37.

[167] 付兴涛. 晋西黄绵土坡面径流流态与输沙特征试验研究[J]. 水利学报,2017,48(6):738-747.

[168] Nearing M A, Norton L D, Bulgakov D A, et al. Hydraulics and erosion in eroding rills [J]. Water Resources Research, 1997, 33, 865-876.

[169] Abrahams A D, Parsons A J, Luk S H. Field measurement of the velocity of overland flow using dye tracing[J]. Earth Surface Processes and Landforms, 1986, 11 (6): 653-657.

[170] 洪惜英. 水力学[M]. 北京:中国林业出版社,1992:53-55.

[171] Biron P, Lane S, Roy A,et al. Sensitivity of bed shear stress estimated from vertical velocity profiles: the problem of sampling resolution [J]. Earth Surface Processes and Landforms, 1998, 23:133-139.

[172] Chow V T, Maidment D R, Mays L W. Applied hydrology[M]. New York, 1988: 33.

[173] 徐宪立,张科利,庞玲,等. 青藏公路路堤边坡产流产沙规律及影响因素分析[J]. 地理科学,2006,26(2):211-216.

[174] Nash J E, Sutcliffe J V. River flow forecasting through conceptual models part I - A discussion of principles[J]. Journal of Hydrology, 1970, 10(3): 282-290.

[175] 孔亚平,张科利. 黄土坡面侵蚀产沙沿程变化的模拟试验研究[J]. 泥沙研究,2003(1):33-38.

[176] 张媛静,张平仓,丁文峰. 黄土与紫色土坡面侵蚀特征对比试验研究[J]. 水土保持通报,2010,30(4):60-62.

[177] Chaplot V A M, Bissonnais Y L. Runoff features for interrill erosion at different rainfall intensities, slope lengths, and gradients in an agricultural loessial hillslope[J]. Soil Science Society of America Journal, 2003, 67(3): 844-851.

[178] 陈正发,郭宏忠,史东梅,等. 地形因子对紫色土坡耕地土壤侵蚀作用的试验研究 [J]. 水土保持学报,2010,24(5):83-87.

[179] 田培,潘成忠,许新宜,等. 坡面流速及侵蚀产沙空间变异性试验[J]. 水科学进展, 2015,26(2):178-186.

[180] 李鹏,李占斌,郑良勇. 黄土陡坡径流侵蚀产沙特性室内实验研究[J]. 农业工程学报,2005,21(7):42-45.

[181] 李鹏,李占斌,郑良勇. 黄土坡面水蚀动力与侵蚀产沙临界关系试验研究[J]. 应用基础与工程科学学报,2010,18(3):435-441.

[182] Chaplot V, Le Bissonais Y. Field measurements of interrill eroion under different slopes and plot sizes[J]. Earth Surface Process and Landfroms, 2000, 25: 145-153.

[183] 蔡强国,陈浩. 降雨特性对溅蚀影响的初步试验研究[J]. 中国水土保持,1986(6):30-33.

[184] 梁燕,邢鲜丽,李同录,等. 晚更新世黄土渗透性的各向异性及其机制研究[J]. 岩土力学,2012,33(5):37-42.

[185] 刘俊娥,王占礼,高素娟. 黄土坡面片蚀过程试验研究[J]. 水土保持学报,2011,25(3):35-39

[186] 高鹏,穆兴民,刘普灵,等. 降雨强度对黄土区不同土地利用类型入渗影响的试验研究[J]. 水土保持通报,2006,26(3):1-5.

[187] 高素娟,王占礼,黄明斌,等. 黄土坡面土壤侵蚀动态变化过程试验研究[J]. 水土保持通报,2010,30(1):63-68.

[188] 李广,黄高宝. 雨强和土地利用方式对黄土丘陵区水土流失的影响[J]. 农业工程学报,2009,25(11):85-90.

[189] 聂小东,李忠武,王晓燕,等. 雨强对红壤坡耕地泥沙流失及有机碳富集的影响规律研究[J]. 土壤学报,2013,50(5):900-908.

[190] 郭晓朦,何丙辉,姚云,等. 扰动地表下不同长度坡面土壤物理性质及水分入渗特征[J]. 西北农林科技大学学报(自然科学版),2017,45(7):57-65.

[191] Wu Q, Wang L, Wu F. Effects of structural and depositional crusts on soil erosion on the Loess Plateau of China[J]. Arid Land Research and Management, 2016,30(4): 432-444.

[192] 范荣生,李占斌. 坡地降雨溅蚀及输沙模型[J]. 水利学报,1993(6):24-29.

[193] 尹武君. 黄土坡面土壤侵蚀能量描述[D]. 杨凌:西北农林科技大学,2012.

[194] 覃超,吴红艳,郑粉莉,等. 黄土坡面细沟侵蚀及水动力学参数的时空变化特征[J]. 农业机械学报,2016,47(8):146-154.

[195] 张永东,吴淑芳,冯浩,等. 黄土陡坡细沟侵蚀动态发育过程及其发生临界动力条件试验研究[J]. 泥沙研究,2013,(2):25-32.

[196] 和继军,孙莉英,李君兰,等. 缓坡面细沟发育过程及水沙关系的室内试验研究[J].

农业工程学报,2012,28(10):138-144.

[197] 贾莲莲,李占斌,李鹏,等. 黄土区野外模拟降雨条件下坡面径流-产沙试验研究
[J]. 水土保持研究,2010,17(1):1-5.

[198] 李桂芳,郑粉莉,卢嘉,等. 降雨和地形因子对黑土坡面土壤侵蚀过程的影响[J].
农业机械学报,2015,46(4):147-154.

[199] 霍云梅,毕华兴,朱永杰,等. 模拟降雨条件下南方典型黏土坡面土壤侵蚀过程及其
影响因素[J]. 水土保持学报,2015,29(4):23-26.

[200] 刘汗,雷廷武,赵军. 土壤初始含水率和降雨强度对黏黄土入渗性能的影响[J]. 中
国水土保持科学,2009,7(2):1-6.

[201] 蒋定生,江忠善,候喜禄,等. 黄土高原丘陵区水土流失规律与水土保持措施优化配
置研究[J]. 水土保持学报,1992,6(3):14-17.

[202] 王占礼,黄新会,张振国,等. 黄土裸坡降雨产流过程试验研究[J]. 水土保持通报,
2005,25(4):1-4.

[203] 付兴涛,姚璟. 降雨条件下坡长对陡坡产流产沙过程影响的模拟试验研究[J]. 水
土保持学报,2015,29(5):20-24.

[204] 李桂芳. 典型黑土区坡面土壤侵蚀影响因素与动力学机理研究[D]. 杨凌:中国科
学院研究生院教育部水土保持与生态环境研究中心,2016:93-94.

[205] 张赫斯,张丽萍,朱晓梅,等. 红壤坡地降雨产流产沙动态过程模拟试验研究[J].
生态环境学报,2010,19(5):1210-1214.

[206] 王林华. 黄土坡耕地地表粗糙度对入渗、产流及养分流失的影响研究[D]. 杨凌:西
北农林科技大学,2017.

[207] 司登宇,张金池,闵俊杰,等. 模拟降雨条件下苏南黄壤产流起始时间及影响因素研
究[J]. 干旱区资源与环境,2013,27(5):184-189.

[208] 张光辉,梁一民. 黄土丘陵区人工草地径流起始时间研究[J]. 水土保持学报,
1995,14(3):78-83.

[209] 王玉宽. 黄土丘陵沟壑区坡面径流侵蚀试验研究[J]. 中国水土保持,1993,12(7):
26-28,65-66.

[210] 石生新. 高强度人工降雨条件下影响入渗速率因素的试验研究[J]. 水土保持通
报,1992,6(2):49-54.

[211] 肖培青,郑粉莉,姚文艺. 坡沟系统坡面径流流态及水力学参数特征研究[J]. 水科
学进展,2009,20(2):236-240.

[212] 潘成忠,上官周平. 降雨和坡度对坡面流水动力学参数的影响[J]. 应用基础与工
程科学学报,2009,17(6):843-851.

[213] 夏卫生,雷廷武,赵军,等. 薄层水流速度测量系统的研究[J]. 水科学进展,2003,
14(6):781-784.

[214] 赵小娥,魏琳,曹叔尤,等. 强降雨条件下坡面流的水动力学特性研究[J]. 水土保

持学报,2009,23(6):45-47,107.

[215] 汪晓勇,郑粉莉,张新和. 上方汇流对黄土坡面侵蚀-搬运过程的影响[J]. 中国水土保持科学,2009,72:7-11.

[216] 裴冠博,龚冬琴,付兴涛. 晋西黄绵土坡面细沟形态及其对产流产沙的影响[J]. 水土保持学报,2017,31(6):79-84,182.

[217] Foster G R, Huggins L, Meyer L D. A Laboratory Study of Rill Hydraulics. I: Velocity Relationships[J]. Transaction of ASAE, 1984, 27(3): 790-796.

[218] 李占斌,鲁克新,丁文峰. 黄土坡面土壤侵蚀动力过程试验研究[J]. 水土保持学报,2002,16(2):5-7.

[219] Roth C H, Egget T. Mechanisms of Aggregate BreakDown Involved in Surface Sealing, Runoff Generation and Sediment Concentration on Loess Soils[J]. Soil and Tillage Research, 1994, 32(2/3): 253-268.

[220] 汪邦稳,肖胜生,张光辉,等. 南方红壤区不同利用土地产流产沙特征试验研究[J]. 农业工程学报, 2012,28(2):239-243.

[221] 李鹏,李占斌,郑良勇. 黄土坡面径流侵蚀产沙动力学过程模拟与研究[J]. 水科学进展,2006,17(4):444-449.

[222] 李君兰,蔡强国,孙莉英,等. 坡面水流速度与坡面含砂量的关系[J]. 农业工程学报,2011,27(3):73-78.

[223] Gabriels D. The effect of slope length on the amount and size distribution of eroded silt loam soils: short slope laboratory experiments on interrill erosion[J]. Geomorphology, 1999, 28(1/2): 169-172.

[224] 雷廷武,Nearing M A. 侵蚀细沟水力学特性及细沟侵蚀与形态特征的试验研究[J]. 水利学报,2000(11):49-54.

[225] 何继军,宫辉力,李小娟,等. 细沟形成对坡面产流产沙过程的影响[J]. 水科学进展,2014,25(1):90-96.

[226] 高军侠,党宏斌,程积民. 黄土高原坡耕地泥沙输移特征分析[J]. 水土保持通报,2007,27(2):39-42.

[227] 黎四龙,蔡强国,吴淑安,等. 坡长对径流及侵蚀的影响[J]. 干旱区资源与环境,1998,12(1):29-35.

[228] 江忠善,刘志,贾志伟. 地形因素与坡地水土流失关系的研究[J]. 中国科学院水利部西北水土保持研究所集刊,1990(2):1-8.

[229] 孔亚平,张科利,唐克丽. 坡长对侵蚀产沙过程影响的模拟研究[J]. 水土保持学报,2001,15(2):17-20.

[230] 刘元保,朱显谟,周佩华,等. 黄土高原坡面沟蚀的类型及其发生发展规律[J]. 中国科学院西北水土保持研究所集刊,1988(7):9-18.

[231] 刘纪根,雷廷武,蔡强国. 施加聚丙烯酰胺后坡长对侵蚀产沙过程的影响[J]. 水利

学报,2004(1):57-61.

[232] Roth C H, Eggert T. Mechanisms of aggregate breakdown involved in surface sealing, runoff generation and sediment concentration on loess soils[J]. Soil and Tillage Research, 1994, 32(2/3): 253-268.

[233] 李君兰,蔡强国,孙莉英,等. 细沟侵蚀影响因素和临界条件研究进展[J]. 地理科学进展,2010,19(11):1319-1325.

[234] 沈海鸥,郑粉莉,温磊磊,等. 降雨强度和坡度对细沟形态特征的综合影响[J]. 农业机械学报,2015,46(7):162-170.

[235] 牛耀彬,高照良,李永红,等. 工程堆积体坡面细沟形态发育及其与产流产沙量的关系[J]. 农业工程学报,2016,32(19):154-161.

[236] 和继军,孙莉英,蔡强国,等. 坡面细沟发育特征及其对流速分布的影响[J]. 土壤学报,2013,50(5):862-870.

[237] 晋西黄土高原土壤侵蚀规律实验研究文集[M].北京:水利电力出版社,1990:87.

[238] 孙佳美,余新晓,李瀚之,等. 模拟降雨下枯落物调控坡面产流产沙过程及特征研究[J]. 水利学报,2017,48(3):341-350.

[239] 蔡强国,陆兆熊. 黄土发育表土结皮过程和微结构分析的试验研究[J]. 应用基础与工程科学学报,1996(4):363-370.

[240] 卜崇峰,蔡强国,张兴昌,等. 黄土结皮的发育机理与侵蚀效应研究[J]. 土壤学报,2009,46(1):16-23.

[241] 江忠善,刘志. 降雨因素和坡度对溅蚀影响的研究[J]. 水土保持学报,1989(2):29-35.

[242] 王志伟,陈志成,艾钊,等. 不同雨强与坡度对沂蒙山区典型土壤坡面侵蚀产沙的影响[J]. 水土保持学报,2012,26(6):17-20.

[243] 张宏鸣,杨勤科,李锐,等. 流域分布式侵蚀学坡长的估算方法研究[J]. 水利学报,2012,43(4):437-444

[244] 王占礼,王亚云,黄新会,等. 黄土裸坡土壤侵蚀过程研究[J]. 水土保持研究,2004,11(4):84-87.

[245] 刘和平,王秀颖,刘宝元. 短坡条件下侵蚀产沙与坡长的关系[J]. 水土保持学报,2011,25(2):1-5,77.

[246] 吴淑芳,吴普特,原立峰. 坡面径流调控薄层水流水力学特性试验[J]. 农业工程学报,2010,26(3):14-19.

[247] 唐泽军,雷廷武,张晴雯,等. 雨滴溅蚀和结皮效应对土壤侵蚀影响的试验研究[J]. 土壤学报,2004(4):632-635.

[248] 闫峰陵,李朝霞,史志华,等. 红壤团聚体特征与坡面侵蚀定量关系[J]. 农业工程学报,2009,25(3):37-41.

[249] 殷水清,薛筱婵,岳天宇,等. 中国降雨新势力的时空分布及重现期研究[J]. 农业

工程学报,2019,35(9):105-113.

[250] 成玉婷,李鹏,徐国策,等. 冻融条件下土壤可蚀性对坡面氮磷流失的影响[J]. 农业工程学报,2017,33(24):141-149.

[251] 吴淑芳,刘勃洋,雷琪,等. 基于三维重建技术的坡面细沟侵蚀演变过程研究[J]. 农业工程学报,2019,35(9):114-120.

[252] 管新建,姚文艺,李勉,等. 坡面水蚀比尺模型室内外相似性试验研究[J]. 水土保持学报,2007,21(6):43-46.

[253] 陈洪松,邵明安,张兴昌,等. 野外模拟降雨条件下坡面降雨入渗、产流试验研究[J]. 水土保持学报,2005,19(2):5-8.

[254] 苏小勇,高太长,刘西川,等. 水平风作用下雨滴水平速度的数值仿真[J]. 气象科学,2013,33(3):282-288.

[255] 郑粉莉,唐克丽. 坡耕地细沟侵蚀影响因素的研究[J]. 土壤学报,1989,26(2):109-116.

[256] 宋景全. 扰动与未扰动试验区土壤理化特性分析[J]. 中国水土保持,1988(12):46-49,68.

[257] Tuli A, Hopmans J W, Rolston D E, et al. Comparison of Air and Water Permeability between Disturbed and Undisturbed Soils[J]. Soil Science Society of America Journal, 2005, 69(5): 1361-1371.

[258] 贺小容,何丙辉,秦伟,等. 不同坡长条件下扰动地表对土壤养分的影响[J]. 水土保持学报,2013,27(5):154-158.

[259] 郭晓朦,何丙辉,秦伟,等. 不同坡长条件扰动地下土壤入渗与贮水特征[J]. 水土保持学报,2015,29(2):198-203.

[260] 王志强,杨萌,张岩,等. 暴雨条件下黄土高原长陡坡耕地细沟侵蚀特征[J]. 农业工程学报,2020,36(12):129-135.

[261] 陈超,雷廷武,班云云,等. 东北黑土坡耕地不同水力条件下坡长对土壤细沟侵蚀的影响[J]. 农业工程学报,2019,35(5):163-170.

[262] 张科利,唐克丽. 黄土坡面细沟侵蚀能力的水动力学试验研究[J]. 土壤学报,2000,37(1):9-15.

[263] 蔡强国. 坡面细沟发生临界条件研究[J]. 泥沙研究,1998(1):52-59.

[264] 王龙生,蔡强国,蔡崇法,等. 黄土坡面细沟与细沟间水流水动力学特性研究[J]. 泥沙研究,2013(6):45-52.

[265] 邱轶兵. 试验设计与数据处理[M]. 北京:中国科学技术大学出版社,2008.